米軍カラーフィルムが捉えた日本軍の艦船・航空機・軍事施設

織田祐輔

イカロス出版

はじめに

　世界初の映画用カラーフィルムは、1935年に米国のイーストマン・コダック社が発売した「コダクローム」であった。その6年後、米国は日本の真珠湾攻撃によって第2次世界大戦に参戦する。この第2次世界大戦において、米軍は戦場での映像撮影に従来のモノクロフィルムに加えて順次「コダクローム」も投入した。また、米軍はその工業力を活かして膨大な量のムービーカメラと映像フィルムを戦場に投入した。それによって、米国内での軍隊の訓練風景や銃後の日常生活から最前線における戦闘に至るまで様々な場面を映像に記録することができた。しかし、一説によるとあまりにも膨大な量の映像を撮影したため、戦後になって映像フィルムの保管場所に困り、1950年代にその多くが廃棄処分されてしまったそうである。この廃棄処分を免れた映像フィルムの一部が米国立公文書記録管理局（National Archives and Records Administration、以下NARAと略）のArchives IIに映像史料として所蔵されており、同館内で閲覧できる。

　このNARAに所蔵されている映像史料を用いたドキュメンタリー番組は、現在でも少なくない本数が制作されている。しかし、こと戦争に関する番組で用いられる映像史料は5W1Hを欠いているものが多く、戦場のイメージ映像として用いられているものが多いように思う。私が映像解析に携わるきっかけは、その様な疑問を持ったことであった。

　2011年（平成23年）3月、私の所属する郷土史研究団体「豊の国宇佐市塾」にて、宇佐海軍航空隊に対する空襲映像の有無を調査することになった。NARA所蔵の映像史料を取り寄せて確認したところ、ほぼ全てのカットに5W1Hが付されていないと分かった。そこで、私の家計の許す範囲内において日米双方の史資料を蒐集し、それを基に解析作業を行ってカット毎の5W1Hを明らかにしている。

　本書に掲載した内容の多くは、潮書房光人新社が刊行している月刊誌『丸』の2014年8月号から2024年7月号までに連載した記事のうち、タイトルに沿った内容のものを基にしている。なお、今回の刊行に際して、新たに判明した事実の追記や文体の統一等の加筆修正を行った。

　来年は太平洋戦争の終結から80年の節目である。本書が太平洋戦争の航空戦を戦われた日米双方の将兵の記録を後世に残すための一資料となれば幸いである。

2024年11月11日
第1次世界大戦の休戦協定締結から106年目の日に
著者

目次

はじめに — 4	「ヨークタウン」飛行隊の第十一海軍航空廠攻撃 — 82
「ヨークタウン」飛行隊のクェゼリン環礁攻撃 — 6	「ヨークタウン」飛行隊の「熊野丸」攻撃 — 84
「ヨークタウン」飛行隊のマーシャル諸島攻撃 — 8	銀河 VS F6F-5 — 86
零式水偵 VS F6F-3 — 10	「ヨークタウン」飛行隊の古仁屋攻撃 — 88
「カウペンス」飛行隊の「那珂」攻撃 — 12	「ヨークタウン」飛行隊の沖縄北・中飛行場攻撃 — 90
第七六一海軍航空隊の「ベロー・ウッド」雷撃 — 15	「ホーネット」飛行隊の徳之島・加計呂麻島攻撃 — 92
第五〇三海軍航空隊の「レキシントン」爆撃 — 16	第58.1任務群の南九州攻撃 — 94
「サラトガ」爆撃飛行隊のスラバヤ攻撃 — 18	「ヨークタウン」飛行隊の鹿屋航空基地攻撃 — 96
「サラトガ」雷撃飛行隊のスラバヤ攻撃 — 20	「ホーネット」飛行隊の大島輸送隊攻撃 — 98
二式水戦 VS F6F-3N — 22	「ベニントン」飛行隊の空戦 — 100
第58任務部隊の父島周辺艦船攻撃 — 24	「サン・ジャシント」飛行隊の空戦 — 102
「タイコンデロガ」飛行隊のルソン島攻撃 — 26	第58.1任務群の第一遊撃部隊攻撃 — 104
「レキシントン」の対空戦闘 — 28	第七二一海軍航空隊の「ミズーリ」攻撃 — 106
「ヨークタウン」飛行隊の第三次輸送部隊攻撃 — 30	九九艦爆 VS F6F-5 — 108
「ホーネット」飛行隊の第三次輸送部隊攻撃 — 32	九九艦爆・一式陸攻・銀河 VS F6F-5 — 110
「ヨークタウン」飛行隊の空戦 — 34	「ベニントン」飛行隊の南九州攻撃 — 112
「ヨークタウン」飛行隊のマニラ攻撃 — 36	「ヨークタウン」飛行隊の空戦 — 114
「ヨークタウン」飛行隊のシマ〇四船団攻撃 — 38	「ランドルフ」の対空戦闘 — 115
「タイコンデロガ」飛行隊のルソン島攻撃① — 40	紫電二一型 VS F6F-5 — 116
「タイコンデロガ」飛行隊のルソン島攻撃② — 42	「ランドルフ」飛行隊の空戦 — 118
「ホーネット」飛行隊のマタ四〇船団攻撃 — 44	「ベニントン」飛行隊の南九州攻撃 — 120
「ホーネット」飛行隊の高雄港艦船攻撃 — 46	「ランドルフ」飛行隊の熊本攻撃 — 122
「タイコンデロガ」飛行隊のサタ〇五船団攻撃 — 48	「ランドルフ」飛行隊の大村航空基地攻撃① — 124
「タイコンデロガ」飛行隊のヒ八六船団攻撃 — 50	「ランドルフ」飛行隊の大村航空基地攻撃② — 126
「ホーネット」飛行隊のヒ八六船団攻撃 — 52	第46戦闘飛行隊の厚木航空基地攻撃 — 128
「タイコンデロガ」飛行隊の仏印攻撃 — 54	「ベニントン」飛行隊の第三次大島輸送隊攻撃 — 130
「ベロー・ウッド」飛行隊の関東攻撃① — 56	零式輸送機二二型 VS PB4Y-1 — 132
「ベロー・ウッド」飛行隊の関東攻撃② — 58	「ランドルフ」飛行隊の北日本攻撃 — 134
「エセックス」飛行隊の天竜飛行場攻撃 — 60	第38任務部隊の呉在泊艦船攻撃 — 136
「エセックス」飛行隊の関東攻撃 — 62	「ヨークタウン」飛行隊の鳥取攻撃 — 138
「ホーネット」飛行隊の沖縄本島攻撃 — 64	零戦五二型 VS P-51D — 140
「ヨークタウン」飛行隊の佐伯攻撃 — 66	第19戦闘飛行隊の第二十一号輸送艦攻撃 — 142
「ヨークタウン」飛行隊の宇佐航空基地攻撃 — 68	流星 VS F6F-5 — 144
キ51 VS F6F-5 — 70	第39戦闘飛行隊の「第三鷹川丸」攻撃 — 146
「ヨークタウン」飛行隊の築城・八幡浜攻撃 — 72	佐世保の「涼月」① — 147
「ヨークタウン」飛行隊の大分航空基地攻撃 — 74	佐世保の「涼月」② — 152
「ヨークタウン」飛行隊の松山航空基地攻撃 — 76	佐世保の「隼鷹」 — 156
「ヨークタウン」飛行隊の四国攻撃 — 78	おわりに — 158
「バンカー・ヒル」飛行隊の呉軍港攻撃 — 80	初出一覧・参考文献 — 159
「ベニントン」飛行隊の「大和」攻撃 — 81	

「ヨークタウン」飛行隊のクェゼリン環礁攻撃

1943.12.5. クェゼリン沖

1943年（昭和18年）11月28日、ギルバート諸島攻略を目的とする「ガルヴァニック」作戦の支援を終えたチャールズ・A・パウナル少将直率の第50.1任務群は、ギルバート諸島沖から日付変更線を越えた位置に設けられた洋上補給地点へと移動を開始した。11月30日に洋上補給を終えた第50.1任務群は、翌12月1日にアルフレッド・E・モントゴメリー少将が率いる第50.3任務群と合流した後、クェゼリン環礁攻撃へと向かった。

現地時間12月5日6時30分頃（現地時間）、第50.1任務群及び第50.3任務群の空母4隻から計255機の攻撃隊が発艦を開始した。第50.1任務群の旗艦である空母「ヨークタウン」からも第5空母航空群所属のF6F-3艦上戦闘機21機、SBD-5艦上爆撃機24機、TBF-1艦上攻撃機17機の計62機が発艦し、攻撃目標であるルオット島へ向かった。しかし、同攻撃隊はルオット島の手前で攻撃隊指揮官から攻撃目標を環礁西部のタビク島に変更された。さらに、攻撃隊が同島で軍事目標を発見できなかったため、最終的にクェゼリン島沖の艦船攻撃を命じられた。

第5戦闘飛行隊によるクェゼリン島沖の泊地に停泊中の輸送船への機銃掃射。第5空母航空群は発艦後に攻撃目標が3回も変更となったため、攻撃開始時刻が他の空母航空群より30分程度遅れてしまった。

第5戦闘飛行隊による「長興丸」らしき輸送船への機銃掃射。同飛行隊は第5爆撃飛行隊の攻撃終了直後に輸送船への機銃掃射を開始した。この輸送船はこれまでの空襲で損傷を受けたと見られ、船尾がわずかに沈下している。

礁湖内を微速で航行中の輸送船への機銃掃射。F6F-3艦上戦闘機が発射した12.7mm機銃の焼夷弾が船体中央部の構造物に命中して閃光を発している。遠方では黒煙が上がっており、おそらくは先行していた攻撃隊による戦果と思われる。

6ページ下の写真に写っている輸送船と同一と思われる船への機銃掃射。第5戦闘飛行隊はVHF無線機の不調により、ルオット島へ向かった編隊とクェゼリン島へ向かった編隊の2つに分かれて行動した。

第5爆撃飛行隊所属のSBD-5艦上爆撃機による急降下爆撃を受けるクェゼリン島沖の泊地に停泊中の輸送船。おそらく第5雷撃飛行隊の護衛に当たっていた4小隊、もしくは5小隊所属のF6F-3艦上戦闘機が撮影したと思われる。

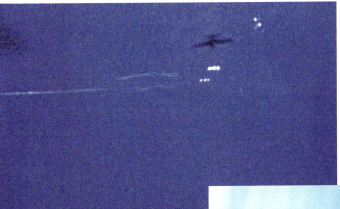

3小隊所属のF6F-3艦上戦闘機の攻撃を回避する零戦。第5雷撃飛行隊を護衛していた3小隊のF6F-3艦上戦闘機4機は輸送船へ機銃掃射を加えた後、環礁内で無線局や監視艇等を攻撃して帰路に就いたところ、太陽を背にして攻撃してくる約18機の零戦と交戦した。

F6F-3艦上戦闘機の攻撃を巧みな操縦で回避する零戦。日米双方の史資料を照合した結果、帰路に就いていた3小隊を攻撃したのは、マロエラップからルオット島に向かっていた「瑞鳳」戦闘機隊の零戦15機であったと思われる。

急旋回で回避機動を取る「瑞鳳」戦闘機隊所属の零戦。3小隊はこの空戦で3番機のサッターフィールド予備大尉機が撃墜された。日米双方の史資料から同予備大尉機を撃墜したのは、F6F-3艦上戦闘機1機の撃墜を報じた岩井勉飛曹長と思われる。

「ヨークタウン」飛行隊のマーシャル諸島攻撃

1943.12.5.
クェゼリン、ウォッゼ

　1943年(昭和18年)12月5日6時30分頃(現地時間)、第50任務部隊所属の第50.1任務群と第50.3任務群は、クェゼリン環礁の航空基地と停泊中の艦船を攻撃するため、計255機からなる第1次攻撃隊の発艦を開始した。第50.1任務群の旗艦である空母「ヨークタウン」からはF6F-3艦上戦闘機21機、SBD-5艦上爆撃機24機、TBF-1艦上攻撃機17機の計62機が発艦した。

　第50任務部隊の当初の攻撃計画では、この第1次攻撃隊に引き続いて第2次攻撃隊を発艦させる予定であった。しかし、第50任務部隊司令官のチャールズ・A・パウナル少将が日本軍の反撃を警戒して同任務部隊を反転させたため、それ以後の攻撃隊発艦は中止された。この様な中でウォッゼ環礁攻撃のみは実行に移され、第1次攻撃隊収容後に即時発艦可能な機体のみによってウォッゼ環礁攻撃隊が編成された。そして、11時58分(現地時間)に攻撃隊は発艦を開始したが、その直後に第五三一海軍航空隊所属の天山が第50.1任務群への雷撃を敢行したため、空中集合に手間取ってしまう一幕もあった。

第1次攻撃隊のF6F-3艦上戦闘機によるエビジェ水上機基地への機銃掃射。エビジェ水上機基地に対する機銃掃射を行ったのは、第5戦闘飛行隊の21機のうち、2小隊と4小隊所属の8機であり、2小隊長のギル予備大尉機は攻撃中、対空砲火によって撃墜された。

エビジェ水上機基地のスベリ上に駐機された零観への機銃掃射。第5爆撃飛行隊を護衛していた第5戦闘飛行隊の2小隊が最初に攻撃を行った。同飛行隊の戦闘報告書の記述から、この写真は2小隊2番機のボザード予備大尉機が撮影したものと思われる。

エビジェ水上機基地のエプロン上に駐機された零観への機銃掃射。第5雷撃飛行隊を護衛していた4小隊は、2小隊に続いて同基地への機銃掃射を行った。炎上する機体の発する黒煙で日光が遮られ、写真全体が薄暗くなってしまっている。

ボザード予備大尉機が撮影したエビジェ水上機基地のエプロン上に駐機された零式水偵への機銃掃射。第5戦闘飛行隊の戦闘報告書には、2小隊長のギル予備大尉と彼の僚機であったボザード予備大尉が3航過で計6機の水上機を炎上させたと記載されている。

エビジェ水上機基地のエプロン上に駐機された零式水偵への機銃掃射。2小隊と4小隊はそれぞれ10機の水上機を撃破したと報告している。それに対して、日本側の記録ではこの日の空襲でエビジェ水上機基地の水偵17機が撃破されたと記載されている。

ウォッゼ航空基地の滑走路上にある単発機への機銃掃射。写真左側には機銃掃射を行っているF6F-3艦上戦闘機の機影が確認できる。日本側の記録には、索敵から帰投した第五三一海軍航空隊所属の天山3機が空襲によって炎上したと記載されている。

←エプロン上に駐機されている機体への機銃掃射。ウォッゼ環礁攻撃隊は即時発艦可能な機体のみで編成されたため、F6F-3艦上戦闘機13機、SBD-5艦上爆撃機10機、TBF-1艦上攻撃機6機の計29機による小規模な攻撃隊であった。

→ウォッゼ航空基地の滑走路南側にある施設群への機銃掃射。ウォッゼ環礁攻撃隊は、まず第5戦闘飛行隊所属のF6F-3艦上戦闘機6機が機銃掃射を行い、続いて第5爆撃飛行隊と第5雷撃飛行隊が基地施設等への攻撃を行った。

零式水偵 VS F6F-3

1944.2.17. トラック沖

　1944年（昭和19年）2月12日、米海軍の第58任務部隊を構成する4コ任務群のうち、3コ任務群がメジュロ環礁を出撃した。これらの任務群に与えられた任務は、エニウェトク環礁とグリーン島の攻略作戦支援のため、2月17日にトラック島の艦船及び航空機、地上施設を攻撃し、可能であれば18日も同島への攻撃を継続するというものであった。

　2月17日4時頃、トラック島東方の攻撃隊発艦地点に到達した第58任務部隊の空母9隻から攻撃隊と任務群上空の直掩隊が発艦を開始した。また、トラック島から脱出を図る日本軍艦船を捕捉、撃滅するため、第5艦隊司令長官のスプルーアンス中将直率の第50.9任務群（戦艦2隻、重巡2隻、駆逐艦4隻）が編成され、同島の北水道沖へと向かって行った。

　12時29分、第58.3任務群の軽空母「カウペンス」から第50.9任務群の上空直掩を命じられた第25戦闘飛行隊所属のF6F-3艦上戦闘機8機が発艦を開始した。

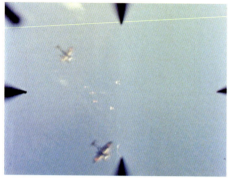

左上／第25戦闘飛行隊所属のF6F-3戦闘機による直上方攻撃を受ける2機編隊の零式水偵。第50.9任務群の戦艦「ニュージャージー」の戦闘機誘導士官から指示を受けた同飛行隊は、16時35分にトラック島西方約48kmの地点において2機編隊で飛行する零式水偵と会敵した。

右上／この一連の映像は、零式水偵に直上方攻撃を行ったものの回避されてしまったバウアーズ中尉機が撮影したものと思われる。撮影機は零式水偵の2番機に対して見越し射撃を行っているが、曳光弾の弾道を見ると外れてしまっているのが分かる。

左／第25戦闘飛行隊のパーカー少尉機が撮影したものと思われる零式水偵への攻撃。同飛行隊の戦闘報告書には、パーカー少尉が零式水偵の背後に占位して180mの距離から射撃を開始し、60mに近付いて零式水偵が発火するまで連射し続けたと記載されている。

パーカー少尉機による零式水偵への攻撃。同少尉はこの空戦で零式水偵1機の協同撃墜を認められた。零式水偵の左主翼から出ている白煙は、前出のバウアーズ中尉機が直上方攻撃後にもう一度攻撃を行って与えた命中弾によるものである。

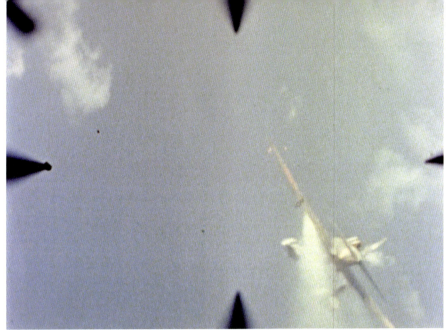

パーカー少尉機が零式水偵に最接近して攻撃を行った際の1コマ。第25戦闘飛行隊の戦闘報告書には、零式水偵が後部銃座に7.7mm機銃を搭載していたと記載されている。それを裏付けるように電信員席の風防が開け放たれており、反撃しようとしているのが分かる。

右に垂直旋回を行ってF6F-3艦上戦闘機の攻撃を回避する零式水偵。トラック島に展開していた第九〇二海軍航空隊では、15時に春島から小島四郎飛曹長指揮の零式水偵2機を発進させており、日米双方の記録から判断して写っているのはこの2機と思われる。

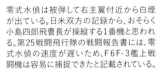

零式水偵は被弾して右主翼付近から白煙が出ている。日米双方の記録から、おそらく小島四郎飛曹長が操縦する1番機と思われる。第25戦闘飛行隊の戦闘報告書には、零式水偵の速度が遅いため、F6F-3艦上戦闘機は容易に捕捉できたと記載されている。

マッキンリー中尉が率いる1小隊所属のF6F-3艦上戦闘機による攻撃を回避する零式水偵。第25戦闘飛行隊の戦闘報告書には、零式水偵の視認から7分後の16時42分には空戦が終了し、零式水偵を2機とも撃墜したと記載されている。

「カウペンス」飛行隊の「那珂」攻撃

**1944.2.17.
トラック沖**

　1944年（昭和19年）2月17日3時45分頃、トラック島東方の攻撃隊発艦地点に到達した第58任務部隊の空母5隻から、トラック島上空での制空権確保を目的としたF6F-3艦上戦闘機70機で編成された制空隊が発艦を開始した。続いて4時過ぎより、第1次攻撃隊が発艦を開始した。

　6時頃、第2次攻撃隊が発艦を開始した。この第2次攻撃隊のうち、第58.1任務群と第58.3任務群から発艦した編隊には、トラック島の北水道から脱出を図る日本軍艦船への攻撃が命じられた。第58.1任務群所属の空母「ヨークタウン」を発艦した第5爆撃飛行隊は、北水道以外からの脱出を図る日本軍艦船を捜索していたところ、西水道沖にて航行中の軽巡1隻を発見し、4機が急降下爆撃を行ったものの命中弾を与えられなかった。

　8時30分頃、第58.3任務群所属の空母「バンカー・ヒル」と軽空母「カウペンス」から、第5爆撃飛行隊が発見した軽巡を攻撃するため、計47機からなる第3次攻撃隊が発艦を開始した。

一連の静止画は「カウペンス」を発艦した第25雷撃飛行隊所属のTBF-1Cの機内から撮影されたものである。第3次攻撃隊はトラック島の南端に到達後、4本煙突を持つ軽巡1隻が約25ノットで南西へ離脱を図りつつあるのを発見し、攻撃を行った。

第25雷撃飛行隊所属のTBF-1C艦上攻撃機による爆撃を回避中の軽巡「那珂」。この攻撃に参加した第25雷撃飛行隊のTBF-1Cは9機であり、3機ずつの分隊毎に高度約3,300mから降下角45度で降爆を開始し、高度約900mで投弾したと戦闘報告書に記載されている。

これら連続した3枚の写真に写っている爆弾の炸裂による水柱の状態から、撮影機は「那珂」へ最初に爆撃を行った分隊に所属していたと思われる。続いて爆撃を行った分隊の3番機が投下した爆弾が「那珂」の右舷側近くの海面で炸裂して水柱を上げている。

「那珂」に対して2回目の爆撃を行った分隊の2番機の機内から撮影されたもの。自機の投下した爆弾が「那珂」の左舷艦首至近に着弾して水柱を作っている。同艦の進行方向に見える爆弾の炸裂に伴う波紋は、先行した分隊による爆撃時に生じたものと思われる。

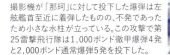

撮影機が「那珂」に対して投下した爆弾は左舷艦首至近に着弾したものの、不発であったため小さな水柱が立っている。この攻撃で第25雷撃飛行隊は1,000ポンド徹甲爆弾4発と2,000ポンド通常爆弾5発を投下した。

「那珂」に装備されていた12.7cm連装高角砲を射撃した瞬間の発砲炎を捉えた1コマ。同艦では前年に5番主砲を撤去して12.7cm連装高角砲1基と25mm機銃2基を増備したとされじおり、それを裏付けるような艦影が確認できる。

撮影機が投下した爆弾の着水によって生じた水柱の中を航過していく「那珂」。第25雷撃飛行隊の戦闘報告書には、同艦の約30m以内に爆弾4発の着弾を認めたものの、何らの損傷も認められなかったと記載されている。

撮影機に続いて投弾した3番機の爆弾が「那珂」の右舷近くで炸裂して水柱を生じさせた直後の1コマ。写真中央左下の崩れ落ちている最中の水柱は、この分隊の1番機の投弾によって生じたものである。

3回目の爆撃を行った分隊に所属するTBF-1C艦上攻撃機の機内から撮影された、高速で回避行動を続ける「那珂」。この後、「バンカー・ヒル」所属の第17爆撃飛行隊のSB2C-1艦上爆撃機12機も同艦を爆撃したが、全弾回避されてしまった。

円を描くように面舵で回避行動を取る「那珂」。第3次攻撃隊で最後に同艦への攻撃を行った第17雷撃飛行隊は、少なくとも魚雷1本を命中させ速力を低下させたと報じている。

離脱を図るTBF-1C艦上攻撃機に対して左舷艦橋横に装備された14cm砲が射撃した際の発砲炎を捉えた1コマ。第25雷撃飛行隊の戦闘報告書には、20mm機銃及び14cm砲によると思われる対空射撃を受けたと記載されている。

第七六一海軍飛行隊の「ベロー・ウッド」雷撃

1944.2.23. テニアン島沖

1944年（昭和19年）2月17日から18日にかけてトラック島への攻撃をした第58任務部隊は、日本軍機の攻撃圏外へ離脱後に洋上補給と再編成を行った。そして、第58.2任務群と第58.3任務群に対してマリアナ諸島への空襲と航空写真の撮影を命じた。

これに対して、日本海軍では米軍の通信状況及び潜水艦の出現状況から判断して内南洋方面での警戒を強めていた。2月22日10時35分、テニアン島を発進した第七六一海軍航空隊所属の一式陸攻がテニアン島の90度、450浬にて米機動部隊を発見した。それを受けて、テニアン島に展開していた第一航空艦隊司令長官の角田覚治中将は、第七六一海軍航空隊に米機動部隊への夜間雷撃実施を下令した。この命令を受けた第七六一海軍航空隊では、22日17時15分、20時30分、23日3時30分から4時30分にかけての3次に分けて攻撃隊の発進を実施した。

2月23日の日の出直後、第58.2任務群所属の軽空母「ベロー・ウッド」の艦上にて撮影された同艦への雷撃を試みる第七六一海軍航空隊所属の一式陸攻。写真中央右側に海面上を這うようにして同艦へ接近する一式陸攻の機影が確認できる。

「ベロー・ウッド」の右舷対空機銃座から発射された40mm機銃と20mm機銃の無数の曳光弾の中を超低空で接近する一式陸攻。同艦の戦闘報告書には、この一式陸攻の飛行高度が約10m前後であったと記載されている。

「ベロー・ウッド」の飛行甲板上を飛び越えたものの、被弾によって左エンジンから発火した第七六一海軍航空隊所属の一式陸攻。この機体は、第3次攻撃隊の一員として3時30分から4時30分にかけてテニアン基地を発進し、未帰還となった9機のうちの1機である。

「ベロー・ウッド」の飛行甲板上に立つ米兵の肩越しに撮影された墜落直前の一式陸攻。同艦の戦闘報告書には、一式陸攻が魚雷を投下しないまま左舷から約60m離れた海面に墜落して炎上したと記載されている。

第五〇三海軍航空隊の「レキシントン」爆撃

1944.4.30. トラック沖

1944年（昭和19年）4月13日、第58任務部隊所属の3コ任務群がメジュロ環礁を出撃した。これらの任務群に与えられた任務は、ホーランジア攻略作戦の支援であった。4月21日から24日にかけて同作戦の支援に当たった3コ任務群は、任務終了後のマーシャル諸島へ帰投する復路上においてトラック島及びサタワン環礁への攻撃を命じられた。4月30日4時30分頃、攻撃隊発艦地点に到達した第58任務部隊の各空母から攻撃隊が発艦を開始した。

これに対して、日本海軍では連合軍によるホーランジア上陸後の米機動部隊の動向を注視していた。4月29日10時30分、トラック島を発進した一式陸攻が同島の203度、460浬にて米機動部隊を発見した。トラック島に展開していた第二十二航空戦隊では、翌30日3時15分に第五五一海軍航空隊所属機を索敵に発進させた。4時にそのうちの1機が同島の210度、100浬に米機動部隊を発見したため、4時45分に第五〇三海軍航空隊所属の彗星4機を含む攻撃隊が発進を開始した。

8時13分、「レキシントン」のレーダーは約5km以内に敵味方不明機2機が飛行しているのを捉えた。しかし、見張員がこれらの機体をTBF艦上攻撃機2機であると報告したため、警戒はなされなかった。

8時14分、接近中の2機が輪形陣内に超低空かつ高速で侵入してきたため、「レキシントン」の見張員はこれらを敵機と報告した。同艦は約2,700mにまで迫っていた彗星2機に対し、直ちに対空射撃を開始した。

第五〇三海軍航空隊所属の彗星一一型が搭載していた250kg爆弾と思われる爆弾を投弾した際の1コマ。「レキシントン」の戦闘報告書には、この彗星が投下した250kg爆弾は同艦の艦尾から約230m離れた位置に着弾したと記載されている。

彗星の垂直尾翼には「07-121」と書かれており、トラック島に展開していた第五〇三海軍航空隊攻撃第一〇七飛行隊所属機と分かる。攻撃を受けた第58.3任務群所属の各艦艇の戦闘報告書には、同機が撃墜されることなく離脱に成功したと記載されている。

1機目に続いて輪形陣内に侵入した2機目の彗星。この彗星は「レキシントン」へ攻撃を行うことなく、同艦の左舷側を航過しようと試みた。この攻撃は奇襲であったため、「レキシントン」以外の艦艇は対空射撃が間に合わなかった。

「レキシントン」の左舷側を航過しようとする彗星。同機の背後に写っているのはポルチモア級重巡「キャンベラ」であり、「レキシントン」の発射した40mm機銃弾が命中して乗組員1名が負傷した。

「レキシントン」から発射された40mm機銃の曳光弾が彗星の操縦席付近に命中した際の1コマ。この被弾によって彗星は操縦不能となり、直後に海面に激突した。なお、第五〇三海軍航空隊ではこの日3機の未帰還機を出している。

第五〇三海軍航空隊の「レキシントン」爆撃

「サラトガ」爆撃飛行隊のスラバヤ攻撃

1944.5.17. スラバヤ

　1944年（昭和19年）3月4日、空母「サラトガ」と駆逐艦3隻で編成された第58.5任務群がメジュロ環礁を出撃した。同任務群に与えられた任務は、英東洋艦隊の指揮下に入りインド洋方面での航空作戦を行うことであった。この任務群は、エスピリトゥ・サント島やホバート、フリーマントルに寄港しつつ、3月31日にセイロン島のトリンコマリーへ入港した。その後、「サラトガ」は英空母「イラストリアス」と第70部隊を編成し、4月19日にはスマトラ島のコタラジャやウェー島のサバンを空襲した（「コックピット」作戦）。

　5月6日、第58.5任務群はコロンボを出撃し、翌日トリンコマリーを出撃した部隊と合流した上でムーディ英海軍少将指揮の第66部隊に編入された。5月15日、オーストラリア北西のイクスマウス湾で補給と再編成を行った第66部隊は、ジャワ島のスラバヤに在泊する艦船と製油所を攻撃すべく北上を開始した。5月17日7時、攻撃隊発艦地点に到達した第66部隊の空母2隻から計87機の攻撃隊が発艦を開始した。

「サラトガ」を発艦した第12爆撃飛行隊所属のSBD-5艦上爆撃機の急降下爆撃を受けるスラバヤのウオノコロモ製油工場。各機1,000ポンド通常爆弾1発を搭載した2コ小隊12機のSBD-5艦上爆撃機が同製油工場へ急降下爆撃を行った。

ウオノコロモ製油工場の一角に先行する機体の投下した1,000ポンド通常爆弾が着弾した際の1コマ。第12爆撃飛行隊の戦闘報告書には、1機が投弾に失敗し、もう1機の投下した爆弾は製油所の敷地外に着弾したものの、1,000ポンド通常爆弾10発が製油所内に着弾したと記載されている。

河川脇の一角に1,000ポンド爆弾が着弾した際の1コマ。南方燃料廠のジャワ燃料工廠第1工場として稼動していた同製油工場は、この日の爆撃によって貯油タンク4基を除く全施設が倒壊・全焼して製油不能となった。

第12爆撃飛行隊所属のSBD-5艦上爆撃機19機のうち、3小隊の7機はスラバヤ港の浮きドックに対して急降下爆撃を行った。3小隊の2番機は写真中央部の大型浮きドックを狙って1,000ポンド通常爆弾を投弾したものの、写真のように至近弾となって炸裂した。

左上／3小隊の3番機が投弾した1,000ポンド通常爆弾が大型浮きドックの左舷側に至近弾となって炸裂した際の1コマ。第12爆撃飛行隊の戦闘報告書には、5機が大型浮きドックに投弾したものの、1番機の投下した爆弾以外は全て至近弾になったと記載されている。

右上／左の写真に引き続いて撮影された1コマ。これら一連の映像は、フィルムに収められている光景から3小隊の5番機以降の機体が撮影したものと考えられる。

大型浮きドックの隣に並んで置かれていた小型浮きドックに1,000ポンド通常爆弾1発が直撃した際の1コマ。第12爆撃飛行隊の戦闘報告書には、3小隊の2機がこの小型浮きドックを狙って投弾し、写真左側で炸裂している1発のみが命中したと記載されている。

撮影機が浮きドックへの投弾間近に撮影した1コマ。大型浮きドック内に入渠中の船舶や煙に包まれた小型浮きドックが収められている。第12爆撃飛行隊は製油工場とスラバヤ港を攻撃中、日本軍の対空砲火を全く受けなかったと報告している。

「サラトガ」爆撃飛行隊のスラバヤ攻撃

「サラトガ」雷撃飛行隊のスラバヤ攻撃

1944.5.17. スラバヤ

　1944年（昭和19年）5月15日、ムーディ英海軍少将指揮の第66部隊はオーストラリア北西部のイクスマウス湾で補給と再編成を行い、空母2隻、戦艦1隻、重巡2隻、軽巡2隻、駆逐艦6隻からなる部隊編成となった。同日16時45分、補給の完了した同部隊はイクスマウス湾を出撃した。この英東洋艦隊によるジャワ島への空襲（「トランサム」作戦）は、米太平洋艦隊による主要作戦と調整して行われたものであった。

　5月17日7時、バロン島の真南約145kmの攻撃隊発艦地点に到達した第66部隊の旗艦「イラストリアス」からコルセア16機、アベンジャー16機、「サラトガ」からF6F-3艦上戦闘機24機、SBD-5艦上爆撃機19機、TBM-1C艦上攻撃機11機の計87機の攻撃隊が発艦を開始した。これらの攻撃目標は、スラバヤ港の艦船と周辺の地上施設、航空基地であった。

　これに対して、日本海軍ではジャワ島の第二十一通信隊が印豪間において英有力艦隊行動中という情報を第二十一特別根拠地隊に通報し、16日から警戒を始めた矢先であった。

第12雷撃飛行隊2小隊の1番機、もしくは2番機がスラバヤ商業港に停泊中の特設砲艦「南海」（旧蘭敷設艦「レグルス」）らしき艦艇に対して反跳爆撃を行った際の1コマ。特設砲艦「南海」と見られる艦艇のほぼ全景を捉えた貴重なものである。

第12雷撃飛行隊所属のTBM-1C艦上攻撃機11機のうち、2機が駆逐艦、もしくは高速輸送艦と思われた「南海」に対し、高度約45mから4～6秒遅発信管付2,000ポンド通常爆弾を反跳爆撃の要領で投下した。なお、同艦の艦橋構造物上に何人かの人影が確認できる。

以下に紹介する6枚の写真は、3小隊の3番機（J・T・イートン予備中尉操縦）に装備されたガンカメラで撮影されたものである。1小隊3番機は商業港南西角のドックに2,000ポンド通常爆弾を投弾した。その爆弾の炸裂炎が写真中央下に確認できる。

第12雷撃飛行隊は、第12爆撃飛行隊による爆撃完了後にスラバヤ港への攻撃を命じられていた。そのため、同隊は一旦北上後に反転して北方からスラバヤ港を攻撃した。既に2小隊の攻撃も始まっており、写真左側の「南海」らしき艦艇の近くで水柱が上がっている。

第12爆撃飛行隊のSBD-5艦上爆撃機による急降下爆撃によって商業港の北東部から煙が立ち上っている。第12雷撃飛行隊の各機は4〜6秒遅発信管付2,000ポンド通常爆弾1発を搭載しており、超低空から反跳爆撃を実施した。

スラバヤ港外の停泊地に1隻の病院船が停泊中である。写真中央部に写っている河口部の右側(西側)が「サラトガ」隊の攻撃目標である商業港地区であり、左側(東側)が「イラストリアス」隊の攻撃目標である海軍基地地区である。

3小隊は港外の停泊地にいる艦船の攻撃を命じられたが、3番機と4番機は攻撃位置に就くことができなかったので2小隊の後に続き、スラバヤ港の港湾施設を攻撃した。3番機は写真中央部に写っている埠頭の倉庫に対して2,000ポンド通常爆弾を投下した。

3番機が投弾後の引き起こし時に撮影したスラバヤ商業港内の風景。第12雷撃飛行隊は各機が高度約15〜60mで投弾したため、3機が被弾した。その内の1機は第12雷撃飛行隊の隊長機であり、被弾が原因でスラバヤ港沖に不時着水して日本軍の捕虜となっている。

二式水戦 VS F6F-3N

1944.7.4. 父島沖

　1944年（昭和19年）6月30日、第58任務部隊を構成する4コ任務群のうち、2コ任務群がエニウェトク環礁を出撃した。これらの任務群のうち、空母「ホーネット」を旗艦とする第58.1任務群には小笠原諸島の艦船及び航空機、地上施設の破壊が命じられていた。

　7月4日3時、黎明攻撃隊として「ホーネット」から第76夜間戦闘飛行隊所属のF6F-3N艦上戦闘機4機、「ヨークタウン」から第77夜間戦闘飛行隊所属のF6F-3N艦上戦闘機2機が発艦を開始した。彼らには、第1次攻撃隊に先立って父島在泊の艦船と地上施設への攻撃が命じられていた。

　これに対して、日本海軍では前日に硫黄島が米艦上機の空襲を受けたことから、空襲を予期して同地の防空に当たっていた佐世保海軍航空隊父島派遣隊所属の二式水戦9機を3時55分から順次発進させていた。

　4時30分頃、父島上空に到達したF6F-3N艦上戦闘機6機は、父島の艦船と地上施設を攻撃後に上空で待ち構えていた二式水戦との空戦を行った。

第76夜間戦闘飛行隊所属のF6F-3N艦上戦闘機と日の出前のまだ薄暗い中で空戦を行う佐世保海軍航空隊父島派遣隊所属の二式水戦。この日の日の出時刻は4時40分頃であったが、空戦は4時30分頃から開始された。

F6F-3N艦上戦闘機の攻撃を回避すべく急旋回する二式水戦。この一連の映像を撮影したのは、第76夜間戦闘飛行隊所属のダンガン中尉、もしくはディア中尉であり、それぞれ3機と4機の二式水戦の撃墜を報告している。

薄明の中、緩い左旋回で回避機動を取る二式水戦。米軍は第76夜間戦闘飛行隊の2名以外に、第77夜間戦闘飛行隊のローデ少尉が二式水戦1機の撃墜を報じており、この日の撃墜戦果を計8機としている。

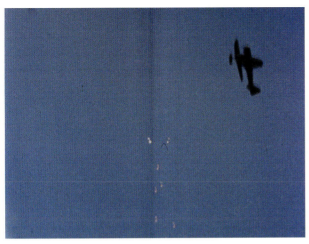

左／F6F-3N艦上戦闘機の攻撃を回避中の二式水戦。二式水戦は第76夜間戦闘飛行隊のディア中尉機とダンガン中尉機に損傷を与えており、ディア中尉機には36ヵ所の被弾痕が、ダンガン中尉機には少なくとも4ヵ所の被弾痕があったと報告している。

左下／機体を横に滑らせてF6F-3N艦上戦闘機の攻撃を回避中の二式水戦。この一連の映像を見る限りでは、米軍機に背後を取られまいと回避機動を取る二式水戦が映っており、搭乗員の練度の高さが窺い知れる。

右下／二式水戦は横滑りに続いて右旋回に移ろうとしている。この日の空戦にて佐世保海軍航空隊父島派遣隊は、2機撃墜、2機不確実撃墜を報じたものの、不時着水を含めて6機の機体と4名の搭乗員を失った。

二式水戦を追尾中のF6F-3N艦上戦闘機が捉えた1コマ。写真中央下に写り込んでいる3つの光点は、父島周辺の艦船が打ち上げてきた対空砲火の曳痕弾である。第76夜間戦闘飛行隊の戦闘報告書には、二式水戦1機が日本軍の対空砲火で撃墜されたと記載されている。

朝日を背景に右旋回で回避機動を取る二式水戦。この空戦に参加した第76夜間戦闘飛行隊と第77夜間戦闘機隊の搭乗員は、戦闘報告書において一様に二式水戦の上昇力と旋回性が優れていた点を指摘している。

第58任務部隊の父島周辺艦船攻撃

1944.7.4.
父島付近

　1944年（昭和19年）6月30日、第58.1任務群と第58.2任務群がエニウェトク環礁を出撃した。第58.1任務群には父島周辺での、第58.2任務群には硫黄島周辺での艦船及び航空機、地上施設の破壊が命じられていた。

　7月4日4時頃、攻撃隊発艦地点に到達した各任務群所属の空母から第1次攻撃隊が発艦を開始した。第1次攻撃隊発艦後の4時30分頃、小笠原諸島周辺を航行中の日本軍艦船を発見すべく、索敵隊が発艦を開始した。これらの編隊は、父島西方海域にて駆逐艦3隻の1群と海防艦4隻（米軍の識別）の1群を発見した。

　これに対して、日本海軍では前日午後に硫黄島が米艦上機の攻撃を受け、翌4日も再度の来襲への恐れから父島在泊の三六二八船団加入船には兄島へ、同船団の護衛艦艇には父島沖へ、機帆船には母島へ避退するように命じた。また、三六二八船団の護衛を命じられていた駆逐艦「清霜」、「夕月」、「皐月」の3隻は護衛を取り止めて横須賀へ帰投を開始した。

SB2C-1C艦上爆撃機の後席から撮影された兄島の滝之浦湾内に避泊中の三六二八船団加入船への急降下爆撃。写真右側に写っている1D型戦時標準船は、「辰栄丸」、もしくは「第八雲洋丸」と思われる。

SB2C-1C艦上爆撃機による爆撃を受ける三六二八船団加入船。写っている各船の状況から9時頃に行われた「ヨークタウン」所属の第1爆撃飛行隊のSB2C-1C艦上爆撃機5機による攻撃時に撮影されたものと思われる。

F6F-3艦上戦闘機による第百三号特設輸送艦への機銃掃射。同艦は硫黄島から横須賀に向けて単独で帰投中であった。写真中央部に見えるいくつかのオレンジ色の光点は、同艦の艦上から撮影機に向けて発射された25mm機銃の曳痕弾である。

「ヨークタウン」の第1戦闘飛行隊、もしくは「ワスプ」の第14戦闘飛行隊のF6F-3艦上戦闘機による第百三号特設輸送艦への機銃掃射。この後、同艦は第14爆撃飛行隊と第14雷撃飛行隊の爆撃を受けて沈没した。

「ワスプ」所属の第14戦闘飛行隊のF6F-3艦上戦闘機による第二十五号掃海艇への機銃掃射。索敵隊から日本軍艦船発見の報告を受け、第58.1任務群から第1戦闘飛行隊の14機、第58.2任務群から第14空母航空群の28機の計42機が攻撃に向かった。

第14戦闘飛行隊のF6F-3艦上戦闘機による攻撃を回避する第二十五号掃海艇。同艇は横須賀発父島行の三六二八船団を護衛して父島に在泊していたところ、空襲の恐れが出てきたため、駆潜艇2隻と共に父島西方海域へ避退中に米艦上機の攻撃を受けて沈没した。

「ヨークタウン」所属の第1戦闘飛行隊のF6F-3艦上戦闘機による第十六号駆潜艇、もしくは第十八号駆潜艇への機銃掃射。これらの駆潜艇も三六二八船団を護衛して父島に在泊しており、空襲を避けるために父島西方海域を航行中であった。

F6F-3艦上戦闘機による第十六号駆潜艇、もしくは第十八号駆潜艇への機銃掃射。攻撃を行った第1戦闘飛行隊は、搭載していた500ポンド通常爆弾を第百三号特設輸送艦への攻撃時に全て使用しており、これら2隻には機銃掃射を行った。

機銃掃射によって駆潜艇の艇尾に搭載された爆雷が誘爆した際の1コマ。第1戦闘飛行隊の戦闘報告書には、機銃掃射で海防艦2隻が搭載していた爆雷を誘爆させ、それによって1隻が爆沈して、もう1隻も炎上させたと記載されている。

F6F-3艦上戦闘機による第百五十三号特設輸送艦への機銃掃射。同艦は伊号第四輸送隊の一員として硫黄島への物資輸送完了後、父島在泊中に空襲の恐れがあるため兄島の湾内へ避泊していたところ、第58.1任務群所属機による攻撃を受けた。

「タイコンデロガ」飛行隊のルソン島攻撃

1944.11.5. ルソン島

　1944年（昭和19年）5月8日にエセックス級空母の10番艦として就役した「タイコンデロガ」は、慣熟航海等を完了させた後、10月18日に真珠湾を出港してエニウェトク経由でウルシー環礁へと向かった。10月29日にウルシー環礁へ到着した同艦は、直ちに第38.3任務群へ編入され、11月2日未明にはマニラ周辺の航空基地や艦船等を攻撃するため、同地を出撃していった。

　11月5日6時頃、マニラの北東約240kmの攻撃隊発艦地点に到達した第38.3任務群の空母4隻からマニラ周辺の航空基地や艦船を攻撃目標とする攻撃隊が発艦を開始した。6時15分、初陣である「タイコンデロガ」所属の第80空母航空群からマニラ近郊にあるザブラン飛行場を攻撃目標とする第1次攻撃隊が発艦を開始した。

　この攻撃隊は、F6F-5艦上戦闘機20機、SB2C-3艦上爆撃機12機、TBM-3艦上攻撃機9機で編成されており、それらのうちF6F-5艦上戦闘機12機は制空隊として先行し、ザブラン飛行場への攻撃を行った。

日本軍機との乱戦の中、下方を飛行する日本軍機（写真中央右側）への攻撃。制空隊はザブラン飛行場攻撃後、一式戦15機（米軍の識別）と遭遇した。初陣の搭乗員のみで編成された2小隊と3小隊の8機は劣勢かつ劣位にも拘らず、日本軍機へ空戦を挑んでいった。

F6F-5艦上戦闘機の攻撃を巧みに躱す日本軍戦闘機。2小隊と3小隊の搭乗員達は、実戦経験のある編隊長が空域からの離脱を命じたにも拘らず、その命令を無視して優勢かつ優位にいた日本軍戦闘機に空戦を挑んだ。その結果、空戦の主導権は終始日本側に握られた。

ザブラン飛行場近くにおける空戦中の1コマ。第80戦闘飛行隊の戦闘報告書には、この空戦が乱戦であったと記載されている。それを証明するように、この写真中に4機の単発機が入り乱れて飛行している様子が写っている。

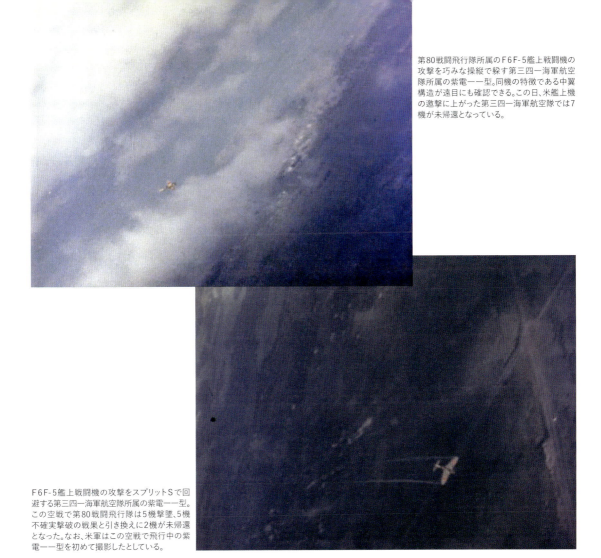

第80戦闘飛行隊所属のF6F-5艦上戦闘機の攻撃を巧みな操縦で躱す第三四一海軍航空隊所属の紫電一一型。同機の特徴である中翼構造が遠目にも確認できる。この日、米艦上機の邀撃に上がった第三四一海軍航空隊では7機が未帰還となっている。

F6F-5艦上戦闘機の攻撃をスプリットSで回避する第三四一海軍航空隊所属の紫電一一型。この空戦で第80戦闘飛行隊は5機撃墜、5機不確実撃破の戦果と引き換えに2機が未帰還となった。なお、米軍はこの空戦で飛行中の紫電一一型を初めて撮影したとしている。

左上／第80戦闘飛行隊のF6F-5艦上戦闘機によるザブラン飛行場の施設群への5インチロケット弾攻撃。同飛行隊は先行してザブラン飛行場を攻撃した制空隊を含め、各機が5インチロケット弾6発を搭載していた。

右上／第80戦闘飛行隊所属のF6F-5艦上戦闘機によるザブラン飛行場に駐機された航空機への機銃掃射。既に爆撃飛行隊や雷撃飛行隊による爆撃が開始されており、写真右側には爆弾の着弾によって発生した黒煙が確認できる。

右／第80戦闘飛行隊所属のF6F-5艦上戦闘機によるザブラン飛行場の施設群への機銃掃射。SB2C-3艦上爆撃機とTBM-3艦上攻撃機を護衛してきたF6F-5艦上戦闘機8機は、制空隊による攻撃の30分後に日本軍機の迎撃を受けることなく同飛行場への攻撃を開始した。

「レキシントン」の対空戦闘

**1944.11.5.
ルソン島沖**

　1944年（昭和19年）11月2日にウルシー環礁を出撃した第38.3任務群は、他の2コ任務群と共にルソン島の航空基地等を攻撃するため、同島東方の攻撃隊発艦地点へと向かった。11月5日6時頃、マニラの北東約240kmに達した第38.3任務群の空母4隻から攻撃隊が発艦を開始した。

　この日、海軍に協力するためクラーク北飛行場に展開していた飛行第二戦隊では、ルソン島東方海域の索敵を行うため、百式司偵1機を発進させていた。10時25分、その索敵機から同飛行場からの方位65度、距離400kmの地点にて空母3隻を基幹とする米機動部隊発見の報告がもたらされた。その報告に基づき、マバラカット飛行場に展開していた第三神風特別攻撃隊所属の左近隊と白虎隊の2隊が12時過ぎに発進を開始した。

　13時頃、第38.3任務群の旗艦である空母「レキシントン」のレーダーが距離約130kmにて西から高速で接近する少数の敵味方不明機を捉えた。

左上／空母「タイコンデロガ」艦上から撮影された「レキシントン」へ突入を試みる左近隊所属と思われる爆装零戦。任務群上空の戦闘空中哨戒に当たっていた戦闘機隊は、雲を利用して接近する零戦を捕捉できず、任務群上空への侵入を許してしまった。

左中／「レキシントン」への突入を試みた左近隊所属と思われる1機目の爆装零戦が同艦の5インチ砲による射撃を受けて被弾し、操縦を失って墜落しようとしている。

左下／「レキシントン」の5インチ砲による射撃で被弾した1機目の爆装零戦が同艦から約900m離れた海面に墜落して爆発した瞬間。左近隊の1番機から順に攻撃を実施していれば、大谷寅雄上飛曹機の最期と見られる。

右上／「タイコンデロガ」艦上から撮影された、「レキシントン」へ突入を試みる左近隊所属と思われる2機目の爆装零戦。同機は「レキシントン」から約3,700m離れた地点にあった雲の中から突然、姿を現した。

右下／2機目の爆装零戦に対空砲火が命中した瞬間。2機目が突入を試みようとするのを確認した「レキシントン」では、直ちに面舵25度で回避行動を取るとともに、全対空火器をこの2機目に集中させた。この零戦が左近隊の2番機であれば、三浦清三九二飛曹機と思われる。

「レキシントン」の艦橋後部にある5インチ砲が爆装零戦に対して射撃を行っている。被弾した2機目の爆装零戦は、機体から破片を撒き散らしながら機首の7.7mm機銃を発射しつつ、搭載していた爆弾を投下した上で「レキシントン」へ突入していった。

「レキシントン」の艦橋右舷後部に、爆弾を投下した直後の零戦が突入して爆発を起こしている。突入した零戦は粉砕されたものの、飛散した破片とガソリン火災によって信号艦橋と対空機銃座に損傷を与えた。

左近隊所属と思われる爆装零戦が突入した直後の「レキシントン」。同艦では零戦の突入直後からダメージコントロールを開始し、20分以内に火災を消火することに成功したものの、乗員42名が戦死し、8名が行方不明、132名が戦傷を負うという人的損害を被った。

「ヨークタウン」飛行隊の第三次輸送部隊攻撃

1944.11.11. レイテ島沖

　1944年（昭和19年）11月7日、ブルネイ在泊の第一遊撃部隊が米軍機によって発見された。同部隊では、モロタイ島を発進した米陸軍機による空襲を受けるのは必至と判断し、8日3時にブルネイを出撃した。そこへ、連合艦隊より第三次輸送部隊の間接援護のためスールー海、もしくはミンダナオ海方面に進出するよう命令が届いたため、第一遊撃部隊は米陸軍機の牽制を目的としてスールー海への進出を計画した。

　南西方面艦隊では、米機動部隊が台風の影響でフィリピン沖を離れている可能性が高く、米陸軍機牽制のために第一遊撃部隊が出撃している好機を捉えて、輸送船5隻と駆逐艦「島風」、「浜波」、「初春」、「竹」、第三十号掃海艇、第四十六号駆潜艇からなる第三次輸送部隊に出撃を命じた。そして、同部隊は9日3時にマニラを出撃した。

　11日9時頃、フィリピン東方海域に展開していた第38任務部隊所属の空母8隻から計327機の攻撃隊が発艦を開始し、第三次輸送部隊攻撃に向かった。

空母「ヨークタウン」所属の第3戦闘飛行隊のF6F-5艦上戦闘機による「島風」への5インチロケット弾攻撃。同艦はマニラからレイテ島のオルモック湾に向かう第三次輸送部隊を護衛する第二水雷戦隊の旗艦を務めていた。

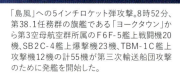

「島風」への5インチロケット弾攻撃。8時52分、第38.1任務群の旗艦である「ヨークタウン」から第3空母航空群所属のF6F-5艦上戦闘機20機、SB2C-4艦上爆撃機23機、TBM-1C艦上攻撃機12機の計55機が第三次輸送船団攻撃のために発艦を開始した。

F6F-5艦上戦闘機の攻撃を受ける「島風」。直進しているにも拘らず、右舷側の艦首波が乱れており、既に至近弾によって水線下の艦体に損傷を受けているものと思われる。第3戦闘飛行隊は「島風」に対し、5インチロケット弾17発を発射した。

「島風」を攻撃したF6F-5艦上戦闘機が機首を引き起こした際に撮影された沈没しつつある日本軍艦船。第3空母航空群が船団上空へ到達した時点で、第三次輸送部隊の輸送船4隻は全て沈没しており、各隊は護衛していた駆逐艦への攻撃を実施した。

第3戦闘飛行隊所属のF6F-5艦上戦闘機による「島風」への機銃掃射。同飛行隊は護衛していた第3爆撃飛行隊と第3雷撃飛行隊の攻撃終了後、残存していた駆逐艦に対する攻撃を開始した。

第3戦闘飛行隊の20機のうち、2コ小隊8機が「島風」への攻撃を実施した。同飛行隊の戦闘報告書には、同艦が航行不能となる前に激しい対空砲火による反撃を行い、急回頭で攻撃を回避していたと記載されている。

こちらの写真でも前述したように「島風」右舷側の艦首波が乱れているのが分かる。第3戦闘飛行隊のF6F-5艦上戦闘機がここまで接近して機銃掃射を行っているため、同艦の特徴である艦体中央部の魚雷発射管3基が確認できる。

別の角度から撮影された第3戦闘飛行隊による駆逐艦「島風」への機銃掃射。同艦は第2煙突から白煙を上げ、速力が低下しているのが分かる。この攻撃における第3空母航空群の被害は、エンジン故障で1機が不時着水したのみであった。

「ヨークタウン」飛行隊の第三次輸送部隊攻撃

「ホーネット」飛行隊の第三次輸送部隊攻撃

1944.11.11. レイテ島沖

1944年（昭和19年）11月10日、フレデリック・C・シャーマン少将が司令官代行を務める第38任務部隊は、台風を避けつつ洋上補給を実施するため、サイパン島西方約640kmの地点まで移動していた。0時13分、第38任務部隊は第3艦隊司令部より直ちに洋上補給を中止し、急ぎフィリピン東方海上へ戻るように命令された。これは、戦艦4隻を中心とする日本艦隊がフィリピン方面へ向かいつつあるのを哨戒機が発見し、マニラからもレイテ島への増援部隊を載せた輸送船団が出撃したという情報に基づいたものであった。

11日6時、フィリピン東方海上に進出した第38任務部隊の各空母から、日本艦隊と輸送船団を捜索するための索敵隊が発艦を開始した。各空母の艦上では、敵発見の報告を受ければ直ちに全力出撃できる準備が進められた。8時27分、空母「エセックス」を発艦した索敵隊から輸送船団発見の報告がもたらされた。その後、日本艦隊発見の報告が入らなかったため、輸送船団に対する全力攻撃が下令された。9時頃、第38.1任務群の空母3隻から計119機の攻撃隊が発艦を開始した。

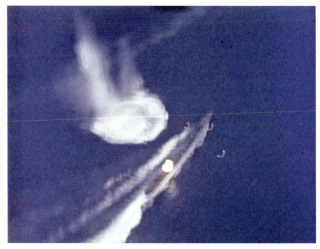

空母「ホーネット」を発艦した第11戦闘飛行隊所属のF6F-5艦上戦闘機による第三次輸送部隊の駆逐艦への機銃掃射。機銃掃射中に撮影されたためピントが合っていないものの、艦後部にある2番砲塔が発砲した瞬間を捉えている。

第11戦闘飛行隊所属のF6F-5艦上戦闘機の機銃掃射を受ける第二水雷戦隊旗艦の駆逐艦「島風」。右舷の水線下に被弾しているのか右舷側の艦首波が左舷側のものに比べて乱れているのが確認できる。

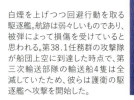

白煙を上げつつ回避行動を取る駆逐艦。航跡は弱々しいものであり、被弾によって損傷を受けていると思われる。第38.1任務群の攻撃隊が船団上空に到達した時点で、第三次輸送部隊の輸送4隻は全滅していたため、彼らは護衛の駆逐艦へ攻撃を開始した。

第11戦闘飛行隊所属のF6F-5艦上戦闘機による白煙を上げて航行不能となった駆逐艦への機銃掃射。この駆逐艦は艦首部分が被弾によって破壊されているのが確認できるため、おそらく「浜波」であろうと思われる。

黒煙を上げつつ回避行動を試みる「島風」らしき駆逐艦。「ホーネット」を発艦した第11戦闘飛行隊所属のF6F-5艦上戦闘機24機のうち、23機が船団上空に到達して護衛の駆逐艦へ機銃掃射を行った。

F6F-5艦上戦闘機による駆逐艦「長波」、もしくは「朝霜」への機銃掃射。第11戦闘飛行隊は全機が爆弾やロケット弾を搭載しておらず、機銃掃射によって駆逐艦艦上の対空火器の封殺を行った。

面舵で攻撃を回避しようと試みる第三次輸送部隊の「長波」、もしくは「朝霜」。艦中央部の右舷近くに爆弾もしくはロケット弾が着弾して炸裂した瞬間を捉えている。艦後部にある2番砲塔の砲身が上空を向いて仰角を取っているのが確認できる。

「ヨークタウン」飛行隊の空戦

1944.11.13. ルソン島沖

1944年（昭和19年）11月11日にレイテ島のオルモック湾で日本軍船団を攻撃して壊滅させた米第38任務部隊は、翌12日にフィリピン東方海上で洋上補給を行った。補給完了後、同任務部隊はルソン島の航空基地や艦船等を攻撃するため、ルソン島東方海上へと移動を開始した。

11月13日6時15分頃、第38.1任務群の旗艦である空母「ヨークタウン」をはじめとする空母3隻からマニラ湾の艦船を攻撃目標とする第1次攻撃隊が発艦を開始した。それを皮切りに、第38.3任務群や第38.4任務群所属の空母からも続々と攻撃隊が発艦していった。

14時11分、レーダーが方位290度、距離約110kmの地点にて日本軍機4機の編隊を捉えた。その編隊は、針路140度、時速約370kmにて空母へ帰投中の攻撃隊を追尾する形で飛行していた。第38.1任務群の前方約50kmでピケット任務に当たっていた駆逐艦「マドックス」は、直ちに上空で待機中のF6F-5艦上戦闘機4機をこの編隊に差し向けた。

右上／第3戦闘飛行隊所属のW・G・キッチェル予備大尉機のガンカメラが捉えた攻撃を受ける零戦。同機の攻撃を受けて零戦の右主翼付け根付近から白煙が上がっている。この零戦は、12時20分にマバラカット基地を発進した第三神風特別攻撃隊正行隊の所属機であった。

右中／6時方向からの攻撃を受けつつも左旋回で離脱を図ろうとする正行隊所属の零戦。キッチェル予備大尉は、小隊長のウィリアムズ予備大尉とその僚機が単機で飛行する零戦へ攻撃を仕掛けていった後、上方に新たな敵機4機を発見して直ちに攻撃を行った。

右下／キッチェル予備大尉機からの攻撃を受けて被弾し、機体から金属片を飛び散らせながらも左旋回に移ろうとする正行隊所属の零戦。日米双方の一次史料から、キッチェル予備大尉とその僚機が攻撃したのは攻撃隊の爆装零戦4機であったと思われる。

攻撃隊の爆装零戦が250kg爆弾を投棄した瞬間。キッチェル予備大尉はこの直後にもう1機の爆装零戦にも攻撃を行い、2機とも炎上して海面に激突するのが視認された。正行隊では、攻撃隊所属であった宮田実飛長機のみが帰投し、他の4機は未帰還となった。

小隊長であるC・A・ウィリアムズ予備大尉、もしくはその僚機であるA・R・リーチ予備中尉が搭乗するF6F-5艦上戦闘機に搭載されたガンカメラによって撮影された、空戦域から離脱を図ろうとする正行隊所属の零戦。

第3戦闘飛行隊所属のF6F-5艦上戦闘機2機に追尾されながらも巧みな操縦で回避機動を取る正行隊所属の零戦。同飛行隊の戦闘報告書には、ウィリアムズ予備大尉がこの零戦との空戦において搭載していた12.7mm機銃弾を全弾撃ち尽くしたと記載されている。

左主翼の先端からベイパーを引きつつ回避機動を取る零戦。第3戦闘飛行隊の戦闘報告書に、この零戦は被弾しても火を噴かなかったため、操縦席周辺や燃料タンクに十分な防弾が施されていたのであろうと記載されている。

海面近くへ降下してF6F-5艦上戦闘機の追尾を振り切ろうとする零戦。この零戦はウィリアムズ予備大尉とリーチ予備中尉の攻撃を受け続け、最終的には撃墜されてしまった。日米双方の一次史料から、未帰還となった直掩隊の牧太郎中尉機と思われる。

「ヨークタウン」飛行隊のマニラ攻撃

1944.11.14. マニラ

1944年（昭和19年）11月13日、ルソン島東方の攻撃隊発艦地点に到達した第38任務部隊所属の3コ任務群は、ルソン島のマニラ周辺の航空基地や艦船等を攻撃するため、4次に亘る攻撃隊を発艦させた。これらの攻撃隊は、マニラ在泊中の軽巡「木曽」や駆逐艦「初春」等を撃沈破する戦果を挙げた。

翌14日、第38任務部隊は前日に引き続いてマニラ周辺の航空基地や艦船等を攻撃目標とした攻撃隊を発艦させた。同日未明に空母「ワスプ」が加わった第38.1任務群では、6時15分から順次攻撃隊が発艦を開始した。

9時頃、第38.1任務群所属の空母「ヨークタウン」、「ホーネット」、「ワスプ」の3隻からF6F-5艦上戦闘機25機、SB2C艦上爆撃機21機、TBM-1C艦上攻撃機24機の計70機で編成された第2次攻撃隊が発艦を開始し、マニラ在泊の艦船攻撃へと向かった。

「ヨークタウン」を発艦した第3戦闘飛行隊所属のF6F-5艦上戦闘機による「赤峰丸」への機銃掃射。同飛行隊からはF6F-5艦上戦闘機10機が第2次攻撃隊に参加しており、そのうち1コ小隊の4機が「赤峰丸」を攻撃した。

第3戦闘飛行隊所属のF6F-5艦上戦闘機による「赤峰丸」への機銃掃射。F6F-5艦上戦闘機が発射した12.7mm機銃弾の焼夷弾が船体に命中して閃光を上げているのが確認できる。なお、同船はこの日の攻撃で沈没することとなる。

第3戦闘飛行隊のF6F-5艦上戦闘機による機銃掃射を受ける「赤峰丸」。写真右上には先行する2機のF6F-5艦上戦闘機が写り込んでいる。同船は第一次世界大戦時の戦時標準船としてカナダで建造され、のちに日本の大連汽船へ売却されたものであった。

「赤峰丸」の右舷側からの機銃掃射。写真右上がマニラ港の中心部であり、これまでの空襲によって沈没した艦船の一部が海面上に露出している。なお、同船はモマ〇六船団の一員として10日にマニラへ入港し、揚陸作業中であった。

第3戦闘飛行隊によるマニラ港外に停泊中の「赤峰丸」への5インチロケット弾攻撃。第3戦闘飛行隊の戦闘報告書には、F6F-5艦上戦闘機4機が5インチロケット弾24発を発射したものの、1発も命中しなかったと記載されている。

陸軍マニラ飛行場にてJ・M・ジョーンズ予備少尉機の機銃掃射を受ける離陸途上の日本軍単発機。第3戦闘飛行隊所属のF6F-5艦上戦闘機2機がマニラ港の近くに位置する陸軍マニラ飛行場（米軍名称：グレースパーク飛行場）へ機銃掃射を行った。

陸軍マニラ飛行場の滑走路上にてジョーンズ予備少尉機の2航過目の機銃掃射を受ける日本軍単発機。この日本軍機は、ジョーンズ予備少尉機の1航過目の機銃掃射を受けて離陸に失敗して滑走路上に停止し、2航過目の機銃掃射を受けて炎上したと報告された。

ジョーンズ予備少尉の僚機であるJ・P・ロビンズ少尉機が撮影した陸軍マニラ飛行場への機銃掃射。第3戦闘飛行隊の戦闘報告書には、同機が滑走路近くに駐機されていた零戦らしき単発機1機に機銃掃射を行って損傷を与えたと記載されている。

「ヨークタウン」飛行隊のシマ○四船団攻撃

**1944.11.14.
ミンドロ島沖**

1944年（昭和19年）11月1日、輸送船4隻と護衛艦4隻で編成されたシマ○四船団は目的地のマニラに向けてシンガポールを出港した。同船団は途中、米軍の潜水艦や航空機の攻撃を受けて輸送船2隻が撃沈されたものの、11月14日時点では、目的地のマニラまであと少しのミンドロ島西方沖を航行中であった。

11月13日からマニラ湾在泊の艦船に対する攻撃を実施していた第38任務部隊は、前日に引き続いて14日も早朝からマニラ湾在泊の艦船及びマニラ湾周辺の港湾施設等を攻撃するため、攻撃隊を各空母から発艦させていた。そこへミンドロ島西方にて日本の輸送船団が発見されたとの報告が入った。9時23分、第38.1任務群の旗艦である空母「ヨークタウン」から第3戦闘飛行隊所属のF6F-5艦上戦闘機7機が船団攻撃のために発艦を開始した。その後、攻撃の戦果が不十分であったため、11時50分に第2波としてF6F-5艦上戦闘機19機が発艦を開始した。

右上／第1波による「あやきり丸」への反跳爆撃。第1波は太陽を背にして攻撃を開始しており、これは攻撃開始直後に撮影されたものと思われる。その証拠に、写真左上に映り込んでいるF6F-5艦上戦闘機の機体下部には500ポンド通常爆弾が搭載されたままである。

右／第1波のF6F-5艦上戦闘機による2TM型戦時標準船「あやきり丸」への機銃掃射。第1波の各機は、搭載された4～5秒遅発設定の500ポンド通常爆弾による反跳爆撃を行ったものの全弾外れてしまったので、その後は機銃掃射を繰り返した。

第1波のF6F-5艦上戦闘機による1C型戦時標準船「豊丸」への機銃掃射。同船の船首付近で火災が発生しており、行き足もほぼ止まっているように見える。第3戦闘飛行隊の戦闘報告書には、機銃掃射によって「あやきり丸」と「豊丸」は炎上したと記載されている。

第2波の攻撃下で回避行動を取る3隻の駆潜艇。第2波の各機は駆潜艇への反跳爆撃を行う前に、機銃掃射による対空砲火の減殺に努めた。写真右端には黒煙を上げる「豊丸」らしき船影が写り込んでいる。

写真中央付近に写っている小さな物体は、駆潜艇の高角砲弾が命中して機尾が吹き飛ばされ、操縦不能となって落ちていくバン＝ネス予備少尉機と思われるF6F-5艦上戦闘機。第2波は対空砲火の反撃で同機を含む2機が撃墜され、3機が被弾するという損害を被った。

第2波のF6F-5艦上戦闘機による「あやきり丸」への機銃掃射。同船の積荷である航空機用ガソリンに引火し、黒煙を吹き上げながら船尾から沈没しつつある。同船には1発も爆弾が命中しなかったものの、戦時標準船の設計が災いして機銃掃射のみで炎上し沈没した。

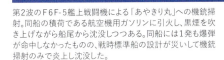

第2波による駆潜艇への機銃掃射。第1波、第2波ともに各機が搭載していた爆弾は反跳爆撃用の遅発信管付爆弾であったが、このような攻撃時には不向きであり、ロケット弾か瞬発信管付通常爆弾であれば、より多くの戦果を挙げられたであろうと報告されている。

第2波による駆潜艇への急降下爆撃。写真上に写り込んでいるF6F-5艦上戦闘機の投下した爆弾が駆潜艇の艇尾付近に着弾した瞬間を捉えている。第2波は反跳爆撃に移る前の機銃掃射で2機を失ったため、途中で爆撃方法を反跳爆撃から急降下爆撃へと変更した。

「タイコンデロガ」飛行隊のルソン島攻撃 ①

1944.12.14. ルソン島

　1944年(昭和19年)12月11日、ミンドロ島上陸作戦を支援するため、第38.2任務群と第38.3任務群がウルシー環礁を出撃した(第38.1任務群は前日に出撃済)。これらの3コ任務群には、上陸作戦決行前日の14日から16日にかけてルソン島所在の航空基地に対して戦闘機掃討を終日実施するように命令が下されていた。空母「タイコンデロガ」を旗艦とする第38.3任務群には、タルラック以北に所在する航空基地への戦闘機掃討が命じられており、同艦をはじめとする空母4隻にはさらに細かな担当地区が割り当てられていた。その中で「タイコンデロガ」所属の第80空母航空群には、リンガエン湾以北のルソン島西岸に所在する航空基地が攻撃目標として割り当てられていた。

　12月14日7時頃、第38.3任務群の空母4隻から第1次戦闘機掃討隊が発艦を開始した。9時30分、第3次戦闘機掃討隊の8機が「タイコンデロガ」から発艦を開始し、続いて11時には第4次戦闘機掃討隊の8機、14時45分にはこの日最後となる第6次戦闘機掃討隊の8機が発艦を開始した。

9時30分に第3次戦闘機掃討隊として発艦した第80戦闘飛行隊所属のF6F-5艦上戦闘機6機による、ラオアグ飛行場に駐機された双発機への5インチロケット弾攻撃。写真中央右側に攻撃目標とされた双発機を逸れた5インチロケット弾2発が着弾して炸裂している。

第3次戦闘機掃討隊によるラオアグ飛行場に駐機された双発機への機銃掃射。第80戦闘飛行隊の戦闘報告書には、この双発機にロケット弾16発を発射し、機銃掃射も加えることで撃破したと記載されている。

11時に第4次戦闘機掃討隊として発艦したF6F-5艦上戦闘機8機によるラオアグ飛行場の東側掩体地区に対する機銃掃射。第3次戦闘機掃討隊から東側掩体地区の木陰に航空機が隠されているという報告を受け、同隊は東側掩体地区への攻撃を実施した。

第4次戦闘機掃討隊によるラオアグ飛行場の東側掩体地区に対する2航過目の機銃掃射。同隊は各機5インチロケット弾6発を搭載しており、1航過目に全弾をこの掩体地区内に発射したが、何らの戦果も視認できなかったと戦闘報告書に記載されている。

第6次戦闘機掃討隊のF6F-5艦上戦闘機8機は目標とされた飛行場にて日本軍機を発見できず、さらなる目標を求めてルソン島西岸を南下中、台中飛行場からバンバン飛行場へ進出途上であった飛行第七十二戦隊所属の四式戦の編隊を発見し、直ちに攻撃を行った。

F6F-5艦上戦闘機の攻撃を受けて被弾し、白煙を吐きつつも降下して離脱を図る飛行第七十二戦隊所属の四式戦。同戦隊はこの空戦で少なくとも8機が未帰還となっており、目的地であるバンバン飛行場には7機しか到着しなかったとされている。

第80戦闘飛行隊のF6F-5艦上戦闘機による攻撃を受ける飛行第七十二戦隊所属の四式戦。被弾の衝撃によるものか左主翼下に懸吊していた増槽が外れた瞬間を捉えている。同飛行隊は一式戦21機と零戦6機からなる編隊と空戦し、損害なしで19機撃墜を報告している。

第6次戦闘機掃討隊のF6F-5艦上戦闘機によって攻撃を受ける飛行第七十二戦隊所属の四式戦。被弾によって左主脚が下がっており、右主翼下の増槽は投棄できていないのが分かる。R・H・アンダーソン大尉はこの空戦で5機撃墜を認められ、「エース」となった。

「タイコンデロガ」飛行隊のルソン島攻撃 ②

1944.12.15.～16. ルソン島

　1944年（昭和19年）12月15日に予定されていたミンドロ島上陸作戦を支援するため、12月10日に第38.1任務群が、翌11日には第38.2任務群と第38.3任務群がそれぞれウルシー環礁を出撃した。これら3コ任務群に与えられた任務は、上陸作戦決行前日の12月14日から16日にかけて、ルソン島の航空基地に対して終日戦闘機掃討を行うものであった。

　フレデリック・C・シャーマン少将指揮の第38.3任務群には、タルラックからアパリにかけてのルソン島北部に位置する航空基地が攻撃目標として割り当てられており、旗艦である空母「タイコンデロガ」所属の第80空母航空群には、ルソン島北西岸にある航空基地が攻撃目標として割り当てられていた。

　初日の空襲で担当地区内の航空基地にあった航空機の多くを撃破した第80空母航空群は、翌日以降の戦闘機掃討にてルソン島北西部の海岸近くにいる船舶や施設等に対しても攻撃を実施した。

12月15日、ルソン島北西部のサンフェルナンド（日本側名称：北サンフェルナンド）における第80戦闘飛行隊所属のF6F-5艦上戦闘機による日本軍水上機への機銃掃射。写真左上には擱坐して放棄されたと思われる2ET型戦時標準船が確認できる。

第80戦闘飛行隊による零式観測機らしき水上機への機銃掃射。この日、第4次戦闘機掃討隊として発艦した6機は、サンフェルナンドで発見した水上機3機に機銃掃射を行い、2機を撃破したと報告している。

サンフェルナンド港内の日本軍水上機への機銃掃射。写真中央部の海岸には、水上機基地に見られる小規模なスベリが確認できる。第80戦闘飛行隊の戦闘報告書には、この攻撃時に対空砲火によって2機が被弾したと記載されている。

12月16日にルソン島北西部のサロマグ港にて第80戦闘飛行隊所属のＦ６Ｆ-5艦上戦闘機の攻撃を受ける敷設艇「前島」。同艇は3日間にわたる戦闘機掃討の最後に行われた攻撃にて、8機からなる編隊の臨機目標として攻撃された。

第80戦闘飛行隊による「前島」への5インチロケット弾攻撃。この攻撃を行った第80戦闘飛行隊の8機は、1小隊所属の4機が各機500ポンド通常爆弾1発を搭載し、2小隊所属の4機が各機5インチロケット弾6発を搭載していた。

艇尾を水面下に沈めた状態でサロマグ港の埠頭に繋留された「前島」への急降下爆撃。先行した機体の投下した500ポンド通常爆弾が右舷外に至近弾として着弾した瞬間を捉えている。

攻撃を受けて船体中央部から白煙を上げる「前島」。同艇は4隻からなるタマ二九Ａ船団の護衛として行動中の10月18日に同地で攻撃を受け、21日には再度攻撃を受けて沈没したとされている。しかし、写真で確認できるように完全には水没していなかったようである。

第80戦闘飛行隊のＦ６Ｆ-5艦上戦闘機による「前島」への5インチロケット弾攻撃。同飛行隊の戦闘報告書には、艇上から小口径の機銃による対空射撃を受けたと記載されている。なお、この攻撃によって「前島」は転覆し、沈没したと報告された。

「タイコンデロガ」飛行隊のルソン島攻撃 ②

「ホーネット」飛行隊のマタ四〇船団攻撃

**1945.1.3.
高雄沖**

　1944年（昭和19年）12月30日、連合軍によるルソン島リンガエン湾への上陸作戦を支援するため、第38任務部隊はウルシー環礁を出撃した。同部隊は、1945年（昭和20年）1月2日に洋上補給を終えた後、台湾の航空基地を攻撃すべく25ノットで針路を西北西に取った。

　1月3日6時、第38.2任務群所属の空母「ホーネット」から台南地区の戦闘機掃討を命じられた第11戦闘飛行隊のF6F-5艦上戦闘機8機が発艦を開始した。同飛行隊は高雄沖で高雄へと向かうマタ四〇船団を発見し、その上空で船団護衛中の第九〇一海軍航空隊所属の九七大艇1機を撃墜した。第11戦闘飛行隊による船団発見の報に接した第38.2任務群では、7時18分にマタ四〇船団への第1次攻撃隊として空母「レキシントン」から第20戦闘飛行隊のF6F-5艦上戦闘機16機が発艦を開始した。続いて9時15分頃にマタ四〇船団への第2次攻撃隊として第38.2任務群の空母3隻からF6F-5艦上戦闘機30機、SB2C-3艦上爆撃機22機、TBM-1C艦上攻撃機17機の計69機が発艦を開始した。

空母「ホーネット」所属の第11爆撃飛行隊のSB2C-3艦上爆撃機から撮影されたマタ四〇船団の「吉備津丸」。第11空母航空群では、マタ四〇船団への第2次攻撃隊としてF6F-5艦上戦闘機4機、SB2C-3艦上爆撃機9機、TBM-1C艦上攻撃機5機の計18機を発艦させていた。

第11爆撃飛行隊の急降下爆撃を受ける「吉備津丸」。第2次攻撃隊では、主として「レキシントン」隊が「神州丸」、「ホーネット」隊が「吉備津丸」、「ハンコック」隊が「日向丸」を攻撃した。また一部の戦闘機が護衛の海防艦「生名」等に対して攻撃を行った。

第11爆撃飛行隊による攻撃を回避中の「吉備津丸」。同船の船首部に設けられた高射砲座のうち、右舷側後方の砲座にて発砲炎が確認できる。第11爆撃飛行隊の戦闘報告書には、攻撃した貨物船はこれまでに攻撃した商船よりも重武装であったと記載されている。

第11爆撃飛行隊による急降下爆撃を受けて水柱に包まれる「吉備津丸」。同飛行隊は各機1,000ポンド通常爆弾1発と250ポンド通常爆弾2発を搭載しており、「吉備津丸」に1,000ポンド通常爆弾2〜3発と250ポンド通常爆弾数発を命中させたと報告している。

第11爆撃飛行隊のSB2C-3艦上爆撃機の後席から撮影された、「レキシントン」隊の攻撃を受けて発煙中の「神州丸」。マタ四〇船団は、陸軍特殊船3隻とそれらを護衛する海防艦5隻で編成されており、1月1日にサンフェルナンドを出港して高雄へ向かっていた。

「レキシントン」隊の攻撃で速力の低下した「神州丸」。「レキシントン」所属の第20空母航空群では、F6F-5艦上戦闘機4機、SB2C-3艦上爆撃機7機、TBM-1C艦上攻撃機6機が「神州丸」を攻撃し、ロケット弾5発と爆弾3発を命中させたと報告している。

第11爆撃飛行隊のSB2C-3艦上爆撃機の後席から撮影された「神州丸」（写真手前）と「吉備津丸」（写真奥）。「神州丸」は煙に包まれて航行不能となっており、後方の「吉備津丸」は急降下爆撃による水柱に包まれている。

第11爆撃飛行隊のSB2C-3艦上爆撃機の後席から撮影された、攻撃を受けるマタ四〇船団を護衛中の海防艦。第2次攻撃隊のうち、戦闘機の過半数は海防艦を攻撃しており、特に船団の進行方向右側にいた「生名」と第百十二号海防艦が集中的に攻撃を受けた。

「ホーネット」飛行隊の高雄港艦船攻撃

**1945.1.9.
高雄**

　1944年（昭和19年）12月30日、連合軍によるルソン島リンガエン湾への上陸作戦を支援するため、第38任務部隊はウルシー環礁を出撃した。同部隊は1945年（昭和20年）1月3日から4日にかけて主として台湾への攻撃を実施した後、6日から7日にかけて主としてルソン島への攻撃を実施した。そして、8日にルソン島の東北東の海上で洋上補給した後、9日に予定されていた米陸軍のリンガエン湾への上陸開始に合わせて再度台湾への攻撃を実施すべく針路を北西に取った。

　1月9日5時45分頃、第38.2任務群所属の空母3隻から第1次攻撃隊が発艦を開始した。同任務群には、台湾南西部に所在する航空基地と高雄港在泊の艦船が主要な攻撃目標として割り当てられていた。9時10分頃、空母2隻から第4次攻撃隊の計44機が発艦を開始した。これらの内、「レキシントン」隊は主として高雄港外の艦船を攻撃し、「ホーネット」隊は主として高雄港内の艦船を攻撃した。

「ホーネット」所属の第11爆撃飛行隊のSB2C-3艦上爆撃機から撮影された高雄港上空における高角砲弾の炸裂。同飛行隊の戦闘報告書には、高雄港上空で遭遇した対空砲火について、対空機銃の射撃は激烈かつ正確であったと記載されている。

第11爆撃飛行隊の投下した爆弾が海面に当たって炸裂した瞬間を捉えている。同飛行隊のSB2C-3艦上爆撃機は、各機瞬発信管付の500ポンド通常爆弾2発と250ポンド通常爆弾2発を搭載しており、高度1,500フィートで一斉投弾したと戦闘報告書に記載されている。

高雄港内で2隻並んで停泊中の2A型戦時標準船のうち、手前側の「江ノ浦丸」に爆弾が命中して炸裂した瞬間。同船はルソン島から内地に向けて米軍捕虜を輸送中であり、この爆弾の炸裂によって第1船倉内に収容されていた捕虜約330名が死亡した。

SB2C-3艦上爆撃機の後席から撮影された爆撃を受ける2隻並んで停泊中の2A型戦時標準船。第11爆撃飛行隊の戦闘報告書には、SB2C-3艦上爆撃機2機がこの2隻を攻撃して命中弾4発を与えて大破させたと記載されている。

SB2C-3艦上爆撃機の後席から撮影された爆撃を受ける高雄港内に停泊中の輸送船群。写真左上に「江の浦丸」ともう1隻の2A型戦時標準船が2隻並んで停泊中であるのが確認できる。写真に写る状況から「江ノ浦丸」が船体前部に被爆する直前の撮影と思われる。

投弾後に高雄港の南西海上へと離脱中のSB2C-3艦上爆撃機の後席から撮影された爆撃を受ける高雄港内。第11爆撃飛行隊の戦闘報告書には、高雄港に3,000総トン以上の輸送船が25隻以上停泊しており、搭乗員にとって夢のような攻撃目標であったと記載されている。

SB2C-3艦上爆撃機の後席から撮影された高雄港の港口近くに停泊中の輸送船への爆撃。第11爆撃飛行隊の戦闘報告書には、爆撃した輸送船全てに何らかの損傷を与えた上に全機が無事に母艦へ帰投したので、同飛行隊史上最も成功した爆撃行であったと記載されている。

高雄港の南西海上へと離脱したSB2C-3艦上爆撃機の後席から撮影された爆撃下の高雄港。上空には高角砲弾の炸裂煙が確認できる。第11爆撃飛行隊は出撃した7機中、隊長機を含む2機が被弾し、隊長のストラハン大尉が対空砲火の弾片で軽傷を負った。

「タイコンデロガ」飛行隊のサタ○五船団攻撃

1945.1.12. カムラン付近

　1945年（昭和20年）1月9日、米陸軍部隊はリンガエン湾への上陸作戦を開始した。それを支援するため、第38任務部隊所属の3コ任務群は台湾各地を攻撃した。

　これに対して、南西方面艦隊では水上部隊による上陸船団攻撃を企図し、第二遊撃部隊に対してカムラン湾への進出を命じた。第二遊撃部隊は8日に出撃準備を完了したものの、直後に南西方面艦隊がリンガエン湾突入を諦めたため、9日にリンガ泊地へと向かった。

　第二遊撃部隊のシンガポール出撃の報に接した第3艦隊では、レイテ〜リンガエン湾間の補給線に脅威を与えている同部隊を撃破し、かつ日本の南方補給路を切断するため、第38任務部隊とその補給を担う第30.8任務群に対して南シナ海への侵入と仏印沿岸部での艦船攻撃を命じた。そして、第38任務部隊は9日夜に23ノットの速力でバシー海峡を通過し、南シナ海へ侵入した。

　1月12日7時30分頃、第38任務部隊の空母12隻から第1次攻撃隊と任務群上空の直掩隊が発艦を開始した。8時、第38.3任務群所属の空母「タイコンデロガ」から他の攻撃隊に約30分遅れて攻撃隊が発艦を開始した。

第80雷撃飛行隊のTBM-3艦上攻撃機の後席から撮影された雷撃を受けるサタ○五船団の「永芳丸」。既に被弾しているのか、船体の中央部や後部から白煙を上げている。また、近くの海面には爆弾の炸裂による波紋も確認できる。

左／第80戦闘飛行隊のF6F-5艦上戦闘機による「顕正丸」への機銃掃射。第80戦闘飛行隊と第80雷撃飛行隊がサタ○五船団上空に到達した時点で、既に「ワスプ」を発艦した第81空母航空群による同船団への攻撃が終了しており、第2波として攻撃を行った。

左下／TBM-3艦上攻撃機の後席から撮影された炎上する「顕正丸」。第1波の「ワスプ」隊による攻撃時には無傷であったが、第2波の「レキシントン」所属の第20爆撃飛行隊による急降下爆撃を受けて被弾し、積荷のガソリンに引火して船上で火災が発生している。

右下／炎上する「顕正丸」。この第2波となる攻撃には、第80雷撃飛行隊所属のTBM-3艦上攻撃機13機が参加しており、各機1本のMk.13魚雷を搭載していた。1、3、4小隊は船団の右舷側から、2小隊は船団の左舷側から挟撃する形で雷撃を実施した。

TBM-3艦上攻撃機の後席から撮影された「顕正丸」（手前）と「永芳丸」（奥）。空母5隻から発艦した計139機の攻撃によって、サタ〇五船団を構成していた輸送船4隻と護衛艦5隻は全て沈められるか海岸に擱坐し、同船団は壊滅してしまった。

第80戦闘飛行隊のF6F-5艦上戦闘機による2TM型戦時標準船の「あやゆき丸」、もしくは「弘心丸」への機銃掃射。同飛行隊のF6F-5艦上戦闘機16機は各機1,000ポンド通常爆弾1発を搭載して発艦したが、艦船への爆撃で確認できた命中弾は1発のみであった。

第80戦闘飛行隊のF6F-5艦上戦闘機による第三十一号駆潜艇への機銃掃射。写真上には先行する機体が機銃掃射をしている様子が写り込んでおり、機体下部には1,000ポンド通常爆弾が搭載されたままとなっている。

第三十一号駆潜艇に対する機銃掃射。同艇はこの後、沈没を免れるために近くの小島へ擱坐した。なお、同行していた第80爆撃飛行隊はサタ〇五船団の全艦船が沈没、もしくは大破したため、攻撃を実施せずに新たな目標を求めてサンジャックへと向かった。

「タイコンデロガ」飛行隊のサタ〇五船団攻撃

「タイコンデロガ」飛行隊のヒ八六船団攻撃

1945.1.12. キノン

　1944年(昭和19年)12月30日、シンガポールを出港したヒ八六船団は1945年(昭和20年)1月4日にサンジャックへと入港し、護衛艦と合流後の1月9日に同地を出港して門司へと向かった。しかし、12日8時30分過ぎ、キノン(現在のクイニョン)沖にて南シナ海へ侵入していた第38.2任務群所属の空母「レキシントン」を発艦した第20戦闘飛行隊のF6F-5艦上戦闘機によって発見されてしまった。

　第20戦闘飛行隊から軽巡1隻を含む14隻の船団発見の報を受けた第38任務部隊では、早朝に出撃させた攻撃隊を収容後、燃料と弾薬を補給させて船団攻撃を実施することとした。10時30分に取り急ぎ攻撃隊の出撃可能な第38.5任務群の空母2隻から第1次攻撃隊が発艦を開始した。12時頃には準備の整った各空母から第2次攻撃隊が発艦を開始した。

　第38.3任務群所属の空母「タイコンデロガ」からも12時に第80戦闘飛行隊と第80雷撃飛行隊で編成された攻撃隊が発艦を開始した。この攻撃から帰投した第80戦闘飛行隊は、燃料と弾薬を補給した上で再度ヒ八六船団等を攻撃するため、16時15分に発艦を開始した。

第80雷撃飛行隊のTBM-3艦上攻撃機の後席から撮影された攻撃を受ける輸送船。第80雷撃飛行隊が同船団上空に到達した時点で、「エンタープライズ」と「インディペンデンス」を発艦した第1次攻撃隊の攻撃によって4隻の輸送船が何らかの損傷を受けていた。

第80空母航空群以外の飛行隊による攻撃を受ける輸送船。この輸送船は第1次攻撃隊の攻撃によって既に損傷を被っており、長い油の帯を曳いているのが分かる。船影から2A型戦時標準船の「大津山丸」の可能性があるものの、遠景のため断定はできない。

第80雷撃飛行隊のTBM-3艦上攻撃機の後席から撮影された2A型戦時標準船の「大津山丸」。第80雷撃飛行隊は15機が出撃し、うち6機がMk.13航空魚雷1本を搭載し、残りの9機が500ポンド通常爆弾4発を搭載していた。

船尾から多量の白煙を噴出させている「大津山丸」。雲が低く垂れ込めて視界も悪い中で攻撃を実施したため、第80雷撃飛行隊の確認できた戦果は、輸送船2隻に計4発の命中弾を与えたのみであった。

F6F-5艦上戦闘機による「大津山丸」への機銃掃射。船橋部に12.7mm機銃の焼夷弾が命中して閃光を発している。同飛行隊の戦闘報告書には、悪天候の中で船団への緩降下爆撃を行い、1,000ポンド通常爆弾1発を命中させたと記載されている。

第80戦闘飛行隊所属のF6F-5艦上戦闘機による船尾を沈下させた「大津山丸」への機銃掃射。同船はこの時点で海岸への擱坐に成功していた。船尾付近からは燃料の重油が流出して、海面に油膜を作っているのが分かる。

第80戦闘飛行隊のF6F-5艦上戦闘機による「さんるいす丸」への機銃掃射。16時15分に発艦した第80戦闘飛行隊は、同船よりもさらに北方の海岸に擱坐したサシ〇五船団の2ET型戦時標準船2隻を攻撃後、擱坐した「さんるいす丸」にも機銃掃射を行った。

第80戦闘飛行隊のF6F-5艦上戦闘機による機銃掃射で炎上する「さんるいす丸」。ヒ八六船団の中で最後まで炎上せず攻撃に耐えていた同船も沈没を避けるため海岸に擱坐したものの、米軍の攻撃は緩められることなく、第80戦闘飛行隊の攻撃によって炎上した。

「ホーネット」飛行隊のヒ八六船団攻撃

1945.1.12. キノン沖

1945年(昭和20年)1月12日7時30分頃、第38任務部隊所属の3コ任務群から仏印沿岸の艦船を攻撃目標とする第1次攻撃隊が発艦を開始した。第38.2任務群の空母3隻から発艦した攻撃隊は、第二遊撃部隊が停泊していると考えられたカムラン湾へ向かったものの、湾内で艦船を発見できなかったため、新たに発見されたサタ○五船団へ攻撃を行った。

12時頃、第38.2任務群の空母3隻からヒ八六船団への第2次攻撃隊として計86機が発艦を開始した。この攻撃隊は14時頃に船団上空に達して攻撃を行った。14時頃には第38.2任務群から第3次攻撃隊として計56機が発艦を開始した。この攻撃隊は15時30分頃に船団上空に達して攻撃を行った。

ヒ八六船団では、第1次攻撃隊によって「予州丸」と「永万丸」が撃沈され、続く第2次攻撃隊によって「大津山丸」と「建部丸」が擱坐、練習巡洋艦「香椎」が撃沈された。その後、第3次攻撃隊の攻撃が始まり、残る輸送船6隻も全て海岸へ擱坐する選択を取った。

12時10分に発艦した第11爆撃飛行隊のSB2C-3艦上爆撃機の後席から撮影されたヒ八六船団。これまでの攻撃によって船団の隊形は乱れており、遠方の海岸では擱坐した輸送船から黒煙が立ち上っている。

第2次攻撃隊として発艦した第11爆撃飛行隊のSB2C-3艦上爆撃機の後席から撮影された、爆撃を受ける「香椎」。同飛行隊の戦闘報告書には、「香椎」に少なくとも爆弾3発を命中させたと記載されている。「香椎」の行き足は既に止まっているのが分かる。

第11爆撃飛行隊のSB2C-3艦上爆撃機の後席から撮影された沈没直前の「香椎」。第11雷撃飛行隊の戦闘報告書には、この写真が撮影された直後に同飛行隊のTBM-1C艦上攻撃機3機による雷撃で魚雷2本が命中し、5分以内に艦尾から沈没したと記載されている。

おそらく第11雷撃飛行隊所属のTBM-1C艦上攻撃機の後席から撮影された海岸に擱坐した中型輸送船。第11戦闘飛行隊の戦闘報告書には、第3次攻撃隊がヒ八六船団の上空に達した時点で、全ての輸送船が海岸に擱坐していたと記載されている。

擱坐した「さんるいす丸」。ヒ八六船団で最後に擱坐したのは同船であると言われている。第1次攻撃隊と第2次攻撃隊による攻撃では同船に命中弾はなかったものの、機銃掃射と至近弾による多数の破孔から浸水が発生し、沈没を防ぐために擱坐した。

擱坐して炎上する2TL型戦時標準船「極運丸」。同船はヒ八六船団を構成する船舶の中で最大の10,045総トンの油槽船であった。第2次攻撃隊の攻撃を受けて船体後部で発生した火災が激しくなったため、第3次攻撃隊の攻撃が行われる前後に海岸へ擱坐した。

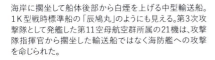

海岸に擱坐して船体後部から白煙を上げる中型輸送船。1K型戦時標準船の「辰鳩丸」のようにも見える。第3次攻撃隊として発艦した第11空母航空群所属の21機は、攻撃隊指揮官から擱坐した輸送船ではなく海防艦への攻撃を命じられた。

第3次攻撃隊による攻撃を受けてほぼ行き足の止まった海防艦。第11空母航空群は攻撃隊指揮官からスコールに隠されつつある海防艦1隻への攻撃を命じられ、全機で攻撃を行い撃沈した。おそらくは生存者のいない第二十三号海防艦の最期であろうと思われる。

「タイコンデロガ」飛行隊の仏印攻撃

1945.1.12. サイゴン

　1945年（昭和20年）1月12日、南シナ海へと侵入した第38任務部隊は早朝から仏印各地の航空基地及び艦船に対する攻撃を開始した。第38.3任務群の空母「タイコンデロガ」に所属する第80空母航空群では、帰投しては再補給して発艦する攻撃隊の準備に追われた。

　8時、カムラン湾にいるとされる日本艦隊攻撃のため、第1次攻撃隊が発艦を開始した。この攻撃隊はカムラン湾で日本艦隊を発見できなかったため、新たな目標として索敵機が発見したサタ〇五船団攻撃へと向かった。このうち、第80戦闘飛行隊と第80雷撃飛行隊はサタ〇五船団を攻撃し、第80爆撃飛行隊はサンジャック沖の艦船を攻撃した。

　10時30分頃に母艦へ帰投した第80戦闘飛行隊と第80雷撃飛行隊は燃料と弾薬の補給を終えると、12時にヒ八六船団攻撃のため第3次攻撃隊として発艦を開始した。第3次攻撃隊と入れ替わりに帰投した第80爆撃飛行隊も燃料と弾薬の補給を終えると、14時50分にサイゴンの艦船と航空基地を攻撃するため第4次攻撃隊として発艦を開始した。

　さらに、第3次攻撃隊として発艦した第80戦闘飛行隊は、この日2度目の再補給後に第5次攻撃隊として16時15分に発艦し、ヒ八六船団とサシ〇五船団の攻撃に向かった。

14時50分に第4次攻撃隊として発艦した第80戦闘飛行隊所属のF6F-5艦上戦闘機による、サイゴン航空基地（現タンソンニャット国際空港）の無蓋掩体地区への機銃掃射。同飛行隊は、多数の航空機の駐機が報告されたサイゴン航空基地へ爆撃と機銃掃射を行った。

サイゴン航空基地の無蓋掩体内に駐機された双発機らしき航空機への機銃掃射。第80戦闘飛行隊の戦闘報告書には、サイゴン航空基地に駐機された航空機へ機銃掃射を行い、撃破5機、損傷8機の戦果を挙げたと記載されている。

サイゴン航空基地の誘導路脇に駐機された双発機への機銃掃射。第80戦闘飛行隊所属のF6F-5艦上戦闘機は各機500ポンド通常爆弾1発を搭載しており、急降下爆撃で投弾後に駐機中の航空機へ機銃掃射を行った。

16時15分に第5次攻撃隊として発艦した第80戦闘飛行隊のL・W・キース予備少佐が自機の増槽をサシ〇五船団の2ET型戦時標準船「第九蓬莱丸」に対して投下した瞬間。第80戦闘飛行隊の戦闘報告書には、この増槽が小型油槽船に命中したと記載されている。

サシ〇五船団の「第九蓬莱丸」と思われる2ET型戦時標準船への機銃掃射。「第九蓬莱丸」の船体から漏れ出した燃料の重油が周囲に流出している。第80戦闘飛行隊は海岸に擱坐しているものの、まだ炎上していない輸送船へ攻撃を行った。

F6F-5艦上戦闘機による「第九蓬莱丸」への機銃掃射。第80戦闘飛行隊は同船攻撃のため、1,000ポンド通常爆弾4発と5インチロケット弾24発を投下したが、命中したのは前述のキース予備少佐が投下した増槽と5インチロケット弾4発のみであった。

第80戦闘飛行隊のF6F-5艦上戦闘機による「第九蓬莱丸」への機銃掃射。度重なる攻撃によって船体後部の船橋付近で火災が発生しているのが分かる。同船に乗船していた武装商船警戒隊の戦闘詳報には、居住区にて火災が発生したと記載されている。

船体後部が煙に包まれた「第九蓬莱丸」への機銃掃射。雨が降り、雲底高度300m以下の悪条件下で攻撃を実施したため、搭載していた爆弾とロケット弾を命中させるのが困難であり、主に損傷を与えたのは12.7mm機銃による機銃掃射であったと報告している。

「ベロー・ウッド」飛行隊の関東攻撃 ①

1945.2.16. 房総沖、相模湾

　1945年（昭和20年）2月10日、第58任務部隊は硫黄島攻略作戦を支援するためウルシー環礁を出撃した。2月16日5時45分頃、東京の南東約220kmの攻撃隊発艦地点に到達した第58任務部隊の空母13隻から第1次攻撃隊と任務群上空の直掩隊が発艦を開始した。なお、この日の任務部隊周辺の天候は、終日断続的に雨が降り、雲底高度は約600mで視界も悪く、風速22ノットという飛行には望ましくないものであった。

　7時55分、第58.1任務群所属の軽空母「ベロー・ウッド」から、この日2直目の直掩隊が発艦を開始した。F6F-5艦上戦闘機4機からなる同隊の任務は、第58.1任務群上空での戦闘空中哨戒であった。

　9時58分、「ベロー・ウッド」から第3次攻撃隊が発艦を開始した。F6F-5艦上戦闘機8機からなる同隊の任務は、東京地区における飛行する日本軍機の撃墜と航空基地への攻撃であった。

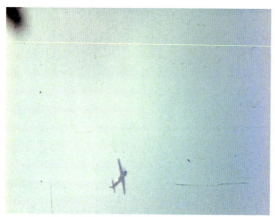

7時55分に発艦した第30戦闘飛行隊所属のF6F-5艦上戦闘機による四式戦（米軍による識別）への攻撃。同飛行隊は10時にレーダーピケット駆逐艦から救援要請を受けて向かったところ、この日本軍機1機を発見し、直ちに攻撃を行った。

第30戦闘飛行隊の攻撃を回避する日本軍機。第30戦闘飛行隊の報告書には、四式戦と書かれているが、後席からの反撃はなかったと読み取れる記載があり、写真を見る限りでは中翼構造の機影であることから、交戦したのは彗星と見られる。

海面へ向けて降下を始める彗星。日米双方の一次史料から、この彗星は9時30分に香取基地を発進して米機動部隊の索敵攻撃に向かった攻撃第一飛行隊所属の彗星2機のうちの1機と思われる。なお、写真に写っている彗星はエヴンソン中尉機によって撃墜された。

9時58分に第3次攻撃隊として発艦した第30戦闘飛行隊は、途中で攻撃隊指揮官から友軍機が母艦へ帰投する際の集結空域へ敵機が侵入しないように警戒する任務を与えられた。その後、相模湾上空で旋回待機中に百式司偵1機を発見し、直ちに攻撃を行った。

第30戦闘飛行隊の隊長であるR・M・リンドナー少佐と彼の僚機であるJ・V・リーバー・ジュニア少尉の攻撃を受けて被弾し、左エンジンに続いて右主翼付近からも発火した百式司偵。

リンドナー少佐機、もしくはリーバー少尉機のガンカメラが捉えた百式司偵。リンドナー少佐が百式司偵に前上方攻撃を行ったところ、同機はバンクを行った上で海面に向かって急降下を開始した。

両主翼付近から発火した状態で降下を続ける百式司偵。第30戦闘飛行隊の戦闘報告書には、この直後に同機は海面へ激突したと記載されている。独立飛行第十七中隊は哨戒飛行に出した百式司偵6機を失っており、おそらくこの機体も同隊の所属であろうと思われる。

第30戦闘飛行隊所属のリーバー少尉機に装備されたガンカメラが捉えたと思われる、被弾して降下を続ける百式司偵。写真上部には攻撃中のリンドナー少佐機と思われる機影が写り込んでいる。また、写真右上には薄っすらと本州の海岸線も写り込んでいる。

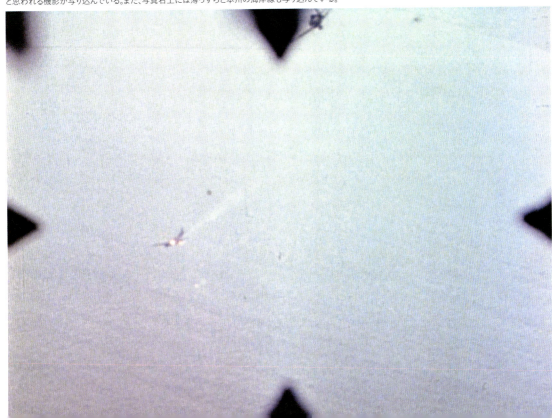

「ベロー・ウッド」飛行隊の関東攻撃 ②

**1945.2.16.
遠州灘、伊豆大島沖**

　1945年（昭和20年）2月10日11時、ジョゼフ・J・クラーク少将が指揮する第58.1任務群は硫黄島攻略作戦を支援するためにウルシー環礁を出撃した。同任務群に与えられた任務は、他の3コ任務群と共に硫黄島への上陸作戦が始まる3日前の2月16日から2日間、主として関東方面の航空基地や航空機、艦船に最大限の損害を与えることであった。

　2月16日5時45分頃、東京の南東約220kmの攻撃隊発艦地点に到達した第58.1任務群では、空母4隻から第1次攻撃隊と任務群上空の直掩隊が発艦を開始した。同任務群に所属する唯一の軽空母である「ベロー・ウッド」からも1直目の直掩任務を命じられた第30戦闘飛行隊所属のF6F-5艦上戦闘機8機が発艦を開始した。8時48分、救難潜水艦上空での直掩任務を命じられたF6F-5艦上戦闘機2機が発艦を開始した。13時8分、浜松航空基地攻撃の任務を命じられたF6F-5艦上戦闘機6機が発艦を開始した。

遠州灘上において第30戦闘飛行隊所属のアルバート・サミュエル・イェセンスキー予備中尉機の攻撃を受ける一式戦（米軍の識別）。単機で飛行する一式戦を発見したイェセンスキー予備中尉は、一式戦の後方から忍び寄って攻撃を行った。

イェセンスキー予備中尉機の攻撃を受けて左主翼付け根から炎を噴き出す一式戦。第30戦闘飛行隊の戦闘報告書には、日本軍機との距離が約210mまで接近してから2秒間の連射を浴びせたところ、機体から炎が噴き出したと記載されている。

機体から多量の炎を噴き出して飛行姿勢を崩す一式戦。イェセンスキー予備中尉の僚機であったカミングズ少尉は、この一式戦が炎上しながら海面に激突したと報告している。

第30戦闘飛行隊所属のF6F-5艦上戦闘機による第十六号輸送艦への機銃掃射。同飛行隊は他の飛行隊と共に浜松飛行場攻撃へ向かっていたところ、伊豆大島沖にて「2本煙突の旧式駆逐艦」(米軍の識別)を発見し、攻撃隊指揮官から攻撃を命じられた。

F6F-5艦上戦闘機の発射した12.7mm機銃の焼夷弾が第十六号輸送艦の船体中央部に命中して閃光を上げている。第30戦闘飛行隊は攻撃隊指揮官のドゥーリ海兵少佐より、浜松へ向かわずに同艦を攻撃する命令を受けた。

取舵で第30戦闘飛行隊の機銃掃射を回避する第十六号輸送艦。14時10分に第30戦闘飛行隊が同艦へ攻撃を開始した際、周囲の天候は本曇りであったため、撮影された写真の全てが薄暗く写ってしまっている。

第二輸送隊所属であった第十六号輸送艦は横須賀〜父島・硫黄島間の輸送に従事していた。第30戦闘飛行隊の戦闘報告書には、F6F-5艦上戦闘機6機が各機6航過の機銃掃射を行い、12.7mm機銃弾約6,000発を発射したと記載されている。

艦上の至る所に機銃弾が命中する第十六号輸送艦。第30戦闘飛行隊の戦闘報告書には、同艦が対空火器で反撃を試みたものの、機銃掃射によって完全に沈黙させたと記載されている。同艦乗員の手記には、戦死23名、戦傷71名の人的損害を被ったと記載されている。

「エセックス」飛行隊の天竜飛行場攻撃

**1945.2.16.
天竜**

　1945年(昭和20年)2月16日6時、フレデリック・C・シャーマン少将が指揮する第58.3任務群は東京の南東約210kmの攻撃隊発艦地点に到達した。時折突風を伴った雪交じりの雨が降る悪天候の中、第1次攻撃隊が発艦を開始した。この日、同任務群に割り当てられた攻撃目標は、東京、埼玉、群馬、長野の各都県にある航空基地及び航空機生産施設であった。しかし、午前中に発艦した攻撃隊はいずれも攻撃目標への進撃途上で悪天候に遭遇したため、それ以上の進撃を取り止めて沿岸部の航空基地や船舶に対する攻撃を行った。

　8時25分、空母「エセックス」から第124海兵戦闘飛行隊と第213海兵戦闘飛行隊の混成による第4次攻撃隊が発艦した。しかし、同隊も悪天候のために攻撃目標を変更して明野陸軍飛行学校天竜分教場(以下、天竜飛行場と表記)への攻撃を行った。

　余談ではあるが、特攻機対策のため「エセックス」の搭載機は次のように変化していた。第4戦闘飛行隊：F6F-5艦上戦闘機×54機、第124、第213海兵戦闘飛行隊：F4U-1D艦上戦闘機×各18機、第4雷撃飛行隊：TBM-3艦上攻撃機×15機の計105機。

天竜飛行場に駐機された航空機への機銃掃射。第124海兵戦闘飛行隊のミリントン少佐に率いられた第4次戦闘機掃討隊の11機は、悪天候によって攻撃目標を東京地区の飛行場から天竜飛行場へと変更した。

F4U-1D艦上戦闘機の発射した12.7mm機銃の焼夷弾が駐機中の航空機に命中した際の1コマ。第4次攻撃隊の戦闘報告書には、天竜飛行場での機銃掃射によって撃破12機、不確実撃破5機の戦果を挙げたと記載されている。

天竜飛行場近くの空域で第213海兵戦闘飛行隊のダール予備少尉機の攻撃を受ける九七戦。米軍はこの航空機を九九艦爆と識別しているが、左主翼付け根付近の下面に増槽らしきものが写っており、九七戦と判断して間違いないと思われる。

ダール予備少尉の攻撃を受けて九七戦が発火した瞬間。ダール予備少尉の所属する2小隊は天竜飛行場に駐機された航空機へ2航過の機銃掃射を加えた後、上空で日本軍機を発見して空戦に入った

ダール予備少尉の所属する2小隊長のトーマス大尉機が捉えた、被弾して炎の尾を引く九七戦。日米双方の記録から、この九七戦は誠第四十飛行隊所属の中村亘伍長機と思われる。背景に写っている天竜飛行場からは、航空機の炎上に起因する黒煙が3本立ち昇っている。

2小隊2番機のパーカー予備中尉、もしくは3番機のダール予備少尉が捉えた零戦（米軍の識別）。第4次攻撃隊の戦闘報告書には、直後にトーマス大尉機がこの機体を撃墜したと記載されている。天竜分教場では助教が一式戦で邀撃に発進しており、その機体と思われる。

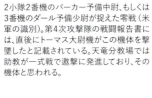

超低空で横滑りしながらパーカー予備中尉の攻撃を回避しようと試みる一式戦。2小隊の3機が飛行場周辺での空戦を終えて集結地点へ向かおうとした時、2機の零戦（米軍の識別）が10時上方から攻撃を加えてきたため、同小隊は再度空戦を行った。

パーカー予備中尉機の攻撃を受けた一式戦のエンジン付近に12.7mm機銃の焼夷弾が命中した瞬間。この一式戦は直後に地面へ激突したのをトーマス大尉によって確認された。なお、日本側の証言では、邀撃に上がった一式戦は全機帰還したとのことである。

「エセックス」飛行隊の関東攻撃

1945.2.25. 高萩、犬吠埼沖

　1945年（昭和20年）2月17日、第58任務部隊は前日に引き続いて関東方面の航空基地や航空機生産施設を攻撃すべく、早朝より各空母から攻撃隊を発艦させた。しかし、天候が悪化してきたため、第5艦隊司令長官のレイモンド・スプルーアンス大将は11時過ぎに攻撃隊の発艦作業を中止させた。そして、硫黄島攻略作戦を支援するために第58任務部隊を南下させた。

　翌18日、スプルーアンス大将は硫黄島攻略作戦の支援終了後に名古屋への攻撃を予定していた第58任務部隊に対して、再度関東の航空基地と航空機生産施設を攻撃するよう命じた。その後、第58任務部隊は19日から22日まで硫黄島攻略作戦の支援を行い、23日には補給等を行ってから関東への攻撃を実施するため北上を開始した。

　2月25日6時30分頃、本州南東沖の攻撃隊発艦地点に到達した第58任務部隊の空母から攻撃隊が発艦を開始した。第58.3任務群の旗艦である空母「エセックス」からも第1次攻撃隊のF4U-1D艦上戦闘機16機が発艦を開始した。

第1次攻撃隊として東京北西の航空基地攻撃を命じられた第124海兵戦闘飛行隊と第213海兵戦闘飛行隊は、まず陸軍高萩飛行場に駐機中の航空機に対して機銃掃射を加えた。

第124海兵戦闘飛行隊と第213海兵戦闘飛行隊の混成で編成された4小隊所属のF4U-1D艦上戦闘機による、陸軍高萩飛行場への機銃掃射。第1次攻撃隊の戦闘報告書には、同飛行場にて撃破8機、損傷10機の戦果を挙げたと記載されている。

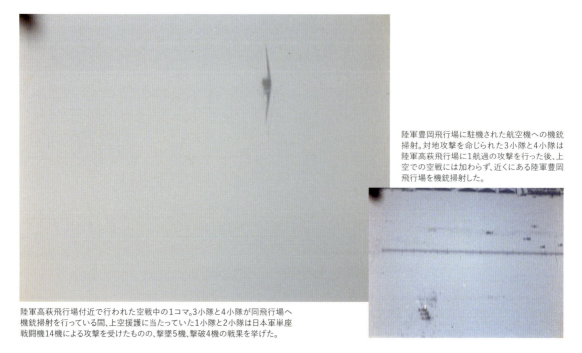

陸軍高萩飛行場付近で行われた空戦中の1コマ。3小隊と4小隊が同飛行場へ機銃掃射を行っている間、上空援護に当たっていた1小隊と2小隊は日本軍単座戦闘機14機による攻撃を受けたものの、撃墜5機、撃破4機の戦果を挙げた。

陸軍豊岡飛行場に駐機された航空機への機銃掃射。対地攻撃を命じられた3小隊と4小隊は陸軍高萩飛行場に1航過の攻撃を行った後、上空での空戦には加わらず、近くにある陸軍豊岡飛行場を機銃掃射した。

陸軍豊岡飛行場に駐機された航空機への機銃掃射。なお、第1次攻撃隊の戦闘報告書には陸軍熊谷飛行場と陸軍松山飛行場を攻撃したと記載されているが、撮影されたガンカメラ映像から実際に攻撃を行ったのは高萩飛行場と豊岡飛行場であったことが分かる。

陸軍高萩飛行場上空での空戦を終えた第124海兵戦闘飛行隊と第213海兵戦闘飛行隊は、母艦への帰投途上に当たる犬吠埼の北東約16km地点にて航行中の監視艇8隻を発見し、機銃掃射を行った。

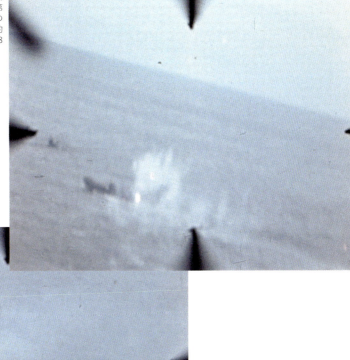

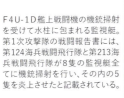

犬吠埼沖での監視艇に対する機銃掃射。写真中央に先行して機銃掃射を行うF4U-1D艦上戦闘機が写り込んでおり、同機の垂直尾翼には空母「エセックス」所属を示す「Gシンボル」が明瞭に確認できる。

F4U-1D艦上戦闘機の機銃掃射を受けて水柱に包まれる監視艇。第1次攻撃隊の戦闘報告書には、第124海兵戦闘飛行隊と第213海兵戦闘飛行隊が8隻の監視艇全てに機銃掃射を行い、その内の5隻を炎上させたと記載されている。

「ホーネット」飛行隊の沖縄本島攻撃

**1945.3.1.
沖縄本島**

　1945年（昭和20年）2月25日、第58任務部隊は2度目の関東の航空基地と航空機生産施設に対する攻撃を行ったが、またもや悪天候の影響で正午過ぎに攻撃隊の発艦作業が中止となった。同任務部隊は翌日に予定されていた名古屋・関西方面への攻撃を行うため、夜間に須美寿島と鳥島の間を通過して伊豆諸島西方の海上へと進出した。しかし、前日から続く悪天候の影響で攻撃隊発艦地点に辿り着くことができず、名古屋・関西方面への攻撃は中止となった。27日に硫黄島の南西海域で洋上補給を行った第58任務部隊は、ウルシー環礁へ帰投する第58.4任務群と沖縄方面の攻撃へ向かう第58.1～3任務群の二手に分かれた。

　3月1日6時20分頃、沖縄本島の南東海域に進出した3コ任務群の空母10隻から沖縄本島と周辺の島々を攻撃目標とした第1次攻撃隊が発艦を開始した。9時30分頃、第58.1任務群の旗艦である空母「ホーネット」から第2次攻撃隊が発艦を開始した。

比謝川河口部に停泊している小型船舶への5インチロケット弾攻撃。9時30分、第58.1任務群の空母3隻から発艦した計48機の第2次攻撃隊は、那覇港沖で発見された駆逐艦と輸送船の攻撃に向かった。

比謝川河口部に停泊中の小型輸送船への攻撃。第1次攻撃隊は指示された本島西方の海域を捜索したが、目標の艦船を発見できなかった。そのため、「ホーネット」所属の第17戦闘飛行隊は本島西海岸で発見した臨機目標に対して攻撃を行った。

比謝川河口部の施設に対する5インチロケット弾攻撃。第2次攻撃隊の当初の攻撃目標は本島の飛行場であったが、先行する攻撃隊から那覇港沖での日本軍艦船発見の報を受け、急遽対艦攻撃装備に換装の上で発艦した。

陸軍沖縄北飛行場の誘導路脇に駐機された双発機への機銃掃射。第2次攻撃隊の一員として参加した第17戦闘飛行隊所属のF6F-5艦上戦闘機12機のうち、1コ小隊4機が陸軍沖縄北飛行場への攻撃を行った。

陸軍沖縄北飛行場の対空陣地への機銃掃射。写真中央右側に先行する第17戦闘飛行隊所属のF6F-5艦上戦闘機が写り込んでいる。同飛行隊の戦闘報告書には、沖縄北飛行場の対空機銃陣地2ヵ所を機銃掃射によって沈黙させたと記載されている。

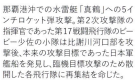

那覇港沖での水雷艇「真鶴」への5インチロケット弾攻撃。第2次攻撃隊の指揮官であった第17戦闘飛行隊のピービー少佐の小隊は比謝川河口部を攻撃後、本来の攻撃目標であった日本軍艦船を発見し、臨機目標攻撃のため散開した各飛行隊に再集結を命じた。

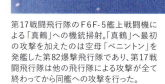

第17戦闘飛行隊のF6F-5艦上戦闘機による「真鶴」への機銃掃射。「真鶴」へ最初の攻撃を加えたのは空母「ベニントン」を発艦した第82爆撃飛行隊であり、第17戦闘飛行隊は他の飛行隊による攻撃が全て終わってから同艦への攻撃を行った。

F6F-5艦上戦闘機の発射した12.7mm機銃の焼夷弾が「真鶴」の船体中央部に命中して閃光を発している。第17戦闘飛行隊が攻撃を行った時点で同艦は既に船体から重油を流出させて航行不能となっていた。

「ヨークタウン」飛行隊の佐伯攻撃

1945.3.18. 佐伯

　1945年（昭和20年）3月14日、第58任務部隊所属の4コ任務群が沖縄本島攻略作戦を支援するためウルシー環礁を出撃した。同任務部隊の作戦計画では、3月18日から19日にかけて主として九州方面の航空基地を攻撃し、日本軍航空戦力の減殺を図るものとしていた。

　3月18日5時45分頃、九州南東沖の攻撃隊発艦地点に到達した4コ任務群の空母16隻から第1次攻撃隊と任務群上空の直掩隊が発艦を開始した。今回の攻撃においても、これまでと同様に任務群毎に攻撃目標地区が割り振られていた。空母「ヨークタウン」を旗艦とする第58.4任務群には、豊後水道と周防灘に面した大分県、福岡県、愛媛県、高知県内の沿岸部が攻撃目標地区として割り当てられており、主要攻撃目標は大分航空基地と隣接する第十二海軍航空廠であった。

　5時45分頃、第58.4任務群の第1次攻撃隊として「ヨークタウン」から第9戦闘爆撃飛行隊所属のF6F-5艦上戦闘機16機、空母「イントレピッド」から第10空母航空群所属のF4U-1D艦上戦闘機4機と第10戦闘飛行隊所属のF4U-1D艦上戦闘機15機の計35機が発艦を開始した。

佐伯航空基地に駐機された航空機への機銃掃射。第1次攻撃隊の攻撃目標は大分航空基地であったが、同基地は雲で閉ざされていた。そのため、呉近くまで北上したものの天候は回復せず、引き返して副次攻撃目標であった佐伯航空基地を攻撃した。

佐伯航空基地の掩体地区に隣接する集落への機銃掃射。第9戦闘爆撃飛行隊の戦闘報告書には、2機が掩体地区に隣接する集落を機銃掃射したものの、戦果は認められなかったと記載されている。

C・S・アーサー大尉機、もしくはR・W・ネープ少尉機に搭載されたガンカメラで撮影された佐伯航空基地の掩体地区。写真左側の無蓋掩体内には、それぞれ1機の単発機が駐機されている。

佐伯航空基地の無蓋掩体内に駐機中の単発機への機銃掃射。第9戦闘爆撃飛行隊の戦闘報告書には、この攻撃で撃破5機、不確実撃破3機、損傷15機の戦果を挙げたと記載されている。それに対して、佐伯防備隊の戦闘詳報には、航空機2機炎上と記載されている。

第9戦闘爆撃飛行隊所属のF6F-5艦上戦闘機による呂号第五百潜水艦への機銃掃射。同飛行隊の戦闘報告書には、豊後水道上にて排水量1,200トンと見られる潜水艦1隻を発見して6機が機銃掃射を行ったものの、直後に急速潜航したと記載されている。

艦首部分に機銃掃射を受ける呂号第五百潜水艦。当時、同艦は佐伯を母港とする対潜訓練隊に所属していた。3月18日未明に米艦上機の来襲が必至の状況となったため、対潜訓練隊所属の潜水艦には、疎開錨地での沈座が命じられていた。

日本海軍の潜水艦と異なるUボートIX型の特徴的な艦橋がはっきりと判別できる。艦橋側面には、味方撃ちを避けるために「ロ500」と見られる艦名表記と日の丸が描かれている。

写真中央部の海面に反射した光はF6F-5艦上戦闘機の発射した5インチロケット弾の推進に伴うもの。第9戦闘爆撃飛行隊の戦闘報告書には、同艦に5インチロケット弾2発を発射したものの、命中しなかったと記載されている。

「ヨークタウン」飛行隊の佐伯攻撃

「ヨークタウン」飛行隊の宇佐航空基地攻撃

**1945.3.18.
宇佐**

　1945年（昭和20年）3月17日、連合艦隊では通信諜報の結果、米機動部隊が3月14日頃にウルシー環礁を出撃しており、18日頃に九州方面へ来襲する可能性が高いと判断した。そして、同方面での航空作戦を担っていた第五航空艦隊へ厳重警戒を命じた。

　当時の宇佐航空基地は、艦上爆撃機と艦上攻撃機の操縦員を養成する宇佐海軍航空隊が使用していた。また、北部九州の航空基地では珍しいコンクリート舗装の滑走路が存在したため、第七二一海軍航空隊所属の攻撃第七〇八飛行隊と桜花第三分隊も展開していた。

　3月18日、第58.4任務群では第1次攻撃隊が佐伯航空基地、第2次攻撃隊が大分航空基地と隣接する第十二海軍航空廠を攻撃しており、続く第3次攻撃隊には宇佐航空基地への攻撃が命じられた。10時頃、空母「ヨークタウン」から第9戦闘飛行隊所属のF6F-5艦上戦闘機12機、空母「イントレピッド」から第10戦闘爆撃飛行隊所属のF4U-1D艦上戦闘機12機の計24機が発艦を開始した。

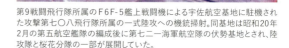

第9戦闘飛行隊所属のF6F-5艦上戦闘機による宇佐航空基地に駐機された攻撃第七〇八飛行隊所属の一式陸攻への機銃掃射。同基地は昭和20年2月の第五航空艦隊の編成後に第七二一海軍航空隊の伏勢基地とされ、陸攻隊と桜花分隊の一部が展開していた。

滑走路近くの無蓋掩体内に駐機された航空機への機銃掃射。写真左側では、滑走路脇に駐機された航空機が攻撃で炎上し、黒煙が立ち上っている。第9戦闘飛行隊の戦闘報告書には、この攻撃で撃破3機、不確実撃破6機、損傷15機の戦果を挙げたと記載されている。

宇佐航空基地のコンクリート舗装された滑走路上を横切って退避しようとする一団への機銃掃射。滑走路上に見える小さな黒いものは全て人影である。発射された12.7mm機銃弾が写真中央右上の滑走路上に着弾して煙を発しているのも確認できる。

滑走路脇に駐機された一式陸攻への機銃掃射。既に被弾しているのか、機体から薄っすらと白煙を上げている。宇佐海軍航空隊では、稼働機全機を鳥取県の美保航空基地に退避させていたため、攻撃第七〇八飛行隊所属機が主な攻撃目標として狙われた。

左上／14時頃に第58.4任務群の空母4隻から発艦した第6次攻撃隊による宇佐航空基地への攻撃。第3次攻撃隊による攻撃時に被弾した機体から漏れ出した航空燃料が地面を黒くしている。写真中央部に写っている一式陸攻は左主翼の一部を失ってしまっている。

右上／第9空母航空群のF6F-5艦上戦闘機による宇佐航空基地への機銃掃射。第6次攻撃隊はF6F-5艦上戦闘機34機とF4U-1D艦上戦闘機12機の計46機で編成されていた。写真右下に写る光点は航空基地周辺の対空陣地から発射された曳痕弾である。

左／F6F-5艦上戦闘機による宇佐航空基地のエプロン上に並べられた航空機への5インチロケット弾攻撃。当時、宇佐航空基地では攻撃第七〇八飛行隊による桜花攻撃の出撃準備が進められており、この攻撃で一式陸攻の大半が撃破されたため出撃は中止となった。

エプロン上に駐機された宇佐海軍航空隊所属と思われる単発機への機銃掃射。当初、第6次攻撃隊は戦爆連合での出撃予定であった。しかし、第七〇一海軍航空隊所属の彗星による五月雨式の攻撃によって爆装が行えず、仕方なく戦闘機のみによる攻撃となった。

キ51 VS F6F-5

1945.3.18.　中津

1945年（昭和20年）3月18日10時頃、第58.4任務群の第4次攻撃隊として空母「ヨークタウン」から第9戦闘飛行隊所属のF6F-5艦上戦闘機13機、空母「イントレピッド」から第10戦闘飛行隊所属のF4U-1D艦上戦闘機16機の計39機が発艦を開始した。この攻撃隊に与えられた攻撃目標は、築城航空基地であった。

米海軍では艦上機による2度目の日本本土への攻撃であり、前回の2月に行った関東攻撃時と同様に日本軍機による激しい迎撃を受けるものと想定していた。そのため、第58.4任務群では出撃した艦上戦闘機の大半が爆弾やロケット弾を搭載せず、空戦を容易に行えるようにしていた。

第4次攻撃隊の一部として発艦した第9戦闘飛行隊は、第10戦闘飛行隊との空中集合に失敗し、単独で築城航空基地へ向かった。12時30分、同飛行隊は宇佐航空基地と築城航空基地の間の地点で九七戦1機と九九艦爆2機からなる編隊を発見し、直ちに攻撃を開始した。

第9戦闘飛行隊所属のF6F-5艦上戦闘機による攻撃を左旋回で回避するキ51（九九式襲撃機／軍偵察機）。第9戦闘飛行隊の戦闘報告書には、交戦した日本軍機の種類を九七戦と九九艦爆であったと記載されている。しかし、一連の映像を確認したところ、キ51であったと確認できる。

撮影機の僚機と思われるF6F-5艦上戦闘機がキ51をオーバーシュートした際の1コマ。一連の映像を観る限りでは、キ51はその旋回性能を活かして巧みに回避機動を行っている。

キ51を追尾し続ける撮影機のF6F-5艦上戦闘機。撮影機はキ51に肉薄して射弾を命中させようとしているが、いずれも巧みな回避機動を取るキ51の操縦者によって躱され続けている。

左旋回から急降下に移ってF6F-5艦上戦闘機を引き離そうとするキ51。後部風防の開口部や機体下に見える固定脚の形状から、この機体は九九艦爆ではなくキ51であると断言できる。

低空に降りてF6F-5艦上戦闘機の追尾を振り切ろうとするキ51。第9戦闘飛行隊の戦闘報告書には、この空戦で九七戦1機と九九艦爆1機の不確実撃墜と九九艦爆1機撃破の戦果を挙げたと記載されている。

左上／F6F-5艦上戦闘機の攻撃を回避するキ51。写真中央部に見える光点は、F6F-5艦上戦闘機の発射した12.7mm機銃の曳光弾である。背後に写っている地形から、空戦が行われたのは現在の大分県中津市付近である。

右上／低高度に降りてF6F-5艦上戦闘機の攻撃を回避するキ51。撮影機は低高度で回避するキ51に対して上方からの攻撃を行っている。この空戦に関する地元住民の証言では、撃墜された日本軍機はなかったとのことである。

左／キ51の両翼に描かれた日の丸が鮮やかに写っている。第9戦闘飛行隊の戦闘報告書には、低空に追い詰められた九九艦爆1機はF6F-5艦上戦闘機8機による攻撃を受けたものの、周囲の山を利用した回避機動を取って離脱していったと記載されている。

「ヨークタウン」飛行隊の築城・八幡浜攻撃

**1945.3.18.
築城、八幡浜**

1945年（昭和20年）3月18日5時45分頃、第58任務部隊所属の4コ任務群から割り当てられた攻撃目標に向けて第1次攻撃隊が発艦を開始した。続いて8時頃には第2次攻撃隊が発艦を開始した。これらの攻撃隊のうち、南九州所在の航空基地攻撃に向かった編隊の一部は、日本軍機の迎撃を受けたものの、事前に想定していた規模を下回り、第3次攻撃隊に至ってはほぼ迎撃を受けなかった。さらに、戦爆連合で出撃した第2次攻撃隊がこの日の主要攻撃目標に一定の損害を与えたと評価され、かつ6時30分に第58.3任務群所属の空母「バンカー・ヒル」を発艦した写真偵察小隊が呉在泊の戦艦「大和」外の艦艇を発見した。そこで、第58任務部隊は翌19日に攻撃を予定していた航空基地に対する攻撃を18日午後に繰り上げて実施する旨を各任務群へ命じた。

10時頃、第58.4任務群の空母2隻から第4次攻撃隊が発艦を開始した。続いて11時頃に同任務群から四国の豊後水道沿岸部に所在する航空基地を攻撃目標とする第5次攻撃隊が発艦を開始した。

第4次攻撃隊として発艦した第9戦闘飛行隊のF6F-5艦上戦闘機による築城航空基地の施設群への機銃掃射。同飛行隊は発艦した12機中、3機しか5インチロケット弾を搭載しておらず、攻撃は機銃掃射によるものが主体であった。

築城航空基地の海岸近くに駐機された九三中練らしき複葉機への機銃掃射。第9戦闘飛行隊の戦闘報告書には、この攻撃で撃破2機、不確実撃破3機、損傷19機の戦果を挙げたと記載されている。

築城航空基地の格納庫群への機銃掃射。同航空基地の上空約1,000mに雲量9/10の雲があった影響で、日光が遮られており写真全体が薄暗くなってしまっている。格納庫等の屋根には迷彩が施されているのが確認できる。

第9戦闘爆撃飛行隊のF6F-5艦上戦闘機による川之石国民学校（現八幡浜市立川之石小学校）への機銃掃射。11時頃に発艦した第5次攻撃隊の攻撃目標は、八幡浜と宇和島、宿毛に存在すると報告された飛行場であったが、実際にはそれらは存在しなかった。

F6F-5艦上戦闘機による八幡浜沖を航行中の機帆船らしき小型船舶への機銃掃射。第5次攻撃隊は、第9戦闘爆撃飛行隊所属のF6F-5艦上戦闘機16機と第10戦闘爆撃飛行隊所属のF4U-1D艦上戦闘機7機によって編成されていた。

第5次攻撃隊は八幡浜航空基地とされた埋め立て地周辺の建物を攻撃後、八幡浜沖の佐島にあった呉海軍軍需部の火薬庫を機銃掃射した。その結果、九六式機雷732個が爆発して高度約2,000ｍに達する煙が上がり、爆発に巻き込まれた2機が墜落し、数機が損傷した。

米軍が八幡浜航空基地に隣接する航空機組立工場と認識した工場への機銃掃射。米軍は八幡浜航空基地が存在するという情報を基に攻撃を行ったが、実際には存在しなかった。おそらくは工場用地として確保されていた埋立地を航空基地と誤認した可能性がある。

現八幡浜市保内地区にあった埠頭に接岸中の小型船舶への機銃掃射。写真右側に写っているのが、米軍が航空基地に誤認したと考えられる埋立地。本土空襲開始以前に作成された米軍の報告書には、塩田を飛行場と認識しているものも存在する。

「ヨークタウン」飛行隊の大分航空基地攻撃

1945.3.18.～19. 大分

　1945年（昭和20年）3月18日6時30分、第58任務部隊の旗艦である空母「バンカー・ヒル」から呉と広島の写真偵察を命じられた第84戦闘飛行隊所属のF6F-5P写真偵察機1機とその護衛のF4U-1D艦上戦闘機3機からなる編隊が発艦を開始した。この編隊は高度約6,600mで呉上空に侵入し、戦艦「大和」等の在泊を報告した。この写真偵察隊は帰投途上の松山付近で日本軍戦闘機17機に襲われたものの、直ちに雲へ飛び込んで事なきを得た。

　この報告を受けた第58任務部隊では、午前中の攻撃が一定以上の戦果を収めたこともあり、翌19日に予定していた攻撃を午後に繰り上げて実施し、19日は呉及び神戸在泊の艦船に対する全力攻撃実施の旨を各任務群へ命じた。そして、14時頃に第58.4任務群から宇佐航空基地を攻撃目標とする第6次攻撃隊が発艦を開始した。

　3月19日、第58任務部隊は呉及び神戸在泊の艦船等に対する全力攻撃を実施した。しかし、日本軍の反撃により第58.2任務群の旗艦である空母「フランクリン」が大破した。そのため、第58任務部隊は以後の攻撃を中止して後退を開始する。その援護のため、九州各地の航空基地に対する攻撃が実施された。

上／3月18日に第6次攻撃隊として発艦した第9空母航空群所属のF6F-5艦上戦闘機による大分航空基地への機銃掃射。同攻撃隊のうち、「インディペンデンス」の第46戦闘飛行隊を除く3コ飛行隊は、宇佐航空基地攻撃後に大分航空基地に対しても攻撃を行った。

左／大分航空基地の外縁部に駐機された航空機への機銃掃射。写真右側に見えるクレーター状のものは、この日の午前中に同基地への攻撃を実施した第2次攻撃隊の攻撃によって生じたものである。

大分航空基地の無蓋掩体内に駐機中の、黄色に塗装された練習機らしき航空機に対する機銃掃射。第9空母航空群の戦闘報告書には、この攻撃で撃破3機、損傷6機の戦果を挙げたと記載されている。

3月19日14時30分に第58.4任務群の空母4隻から発艦した第4次攻撃隊による大分航空基地の格納庫群に対する攻撃。空母「ヨークタウン」からは第9戦闘飛行隊所属のF6F-5艦上戦闘機12機が攻撃に参加した。

第9戦闘飛行隊所属のF6F-5艦上戦闘機による大分航空基地の格納庫群への5インチロケット弾攻撃。同飛行隊の戦闘報告書には、5インチロケット弾24発を大分航空基地内の施設群に対して発射し、18発が何らかの施設に命中したと記載されている。

第9戦闘飛行隊所属のF6F-5艦上戦闘機による、大分航空基地のエプロン上に駐機された航空機への機銃掃射。エプロン上に5インチロケット弾が既に数発着弾しており、炸裂に伴う煙によって覆われている。

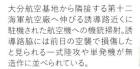

大分航空基地から隣接する第十二海軍航空廠へ伸びる誘導路近くに駐機された航空機への機銃掃射。誘導路脇には前日の空襲で損傷したと見られる一式陸攻や単発機が無造作に並べられている。

大分航空基地から第十二海軍航空廠へ続く誘導路の両脇に駐機された航空機への機銃掃射。第9戦闘飛行隊の戦闘報告書には、この攻撃で不確実撃破1機、損傷4機の戦果を挙げたと記載されている。

「ヨークタウン」飛行隊の松山航空基地攻撃

1945.3.19. 松山

1945年（昭和20年）3月19日5時45分頃、攻撃隊発艦地点に到達した第58任務部隊の4コ任務群の空母16隻から、第1次攻撃隊と任務群上空の直掩隊が発艦を開始した。同任務部隊では、これまでと同様に攻撃目標の割り当てを行っており、第58.1任務群と第58.3任務群は呉在泊艦船、第58.2任務群は神戸在泊艦船、第58.4任務群は第十一海軍航空廠が主要攻撃目標であった。

第58.4任務群の第1次攻撃隊として空母「ヨークタウン」から第9戦闘飛行隊所属のF6F-5艦上戦闘機16機、空母「イントレピッド」から第10戦闘爆撃飛行隊所属のF4U-1D艦上戦闘機10機の計26機が発艦した。この攻撃隊の目標は呉、西条、松山の各航空基地であった。

第9戦闘飛行隊は7時30分頃に呉航空基地を攻撃後、続いて西条航空基地を機銃掃射し、3つ目の攻撃目標である松山航空基地へ向かった。その際、1コ小隊が第三四三海軍航空隊所属の紫電二一型と空戦を行ったものの、残りの3コ小隊は松山航空基地へ向かった。

第9戦闘飛行隊所属のF6F-5艦上戦闘機による、松山航空基地の南側の外縁部にある無蓋掩体とその周辺に駐機された航空機への機銃掃射。写真下部に写る無蓋掩体内には航空機2機が駐機されている。

松山航空基地の西側の外縁部に並べられた航空機を機銃掃射するために降下中のF6F-5艦上戦闘機から撮影された1コマ。格納庫前のコンクリート舗装されたエプロンには濃淡をつけた迷彩が施されている。

松山航空基地の西側の外縁部に並べられた航空機への機銃掃射。当時、松山航空基地に勤務していた方の証言では、これらの航空機は訓練等で破損し飛行不能となった機体であり、囮機として用いるために並べて置かれていたとのことである。

第9戦闘飛行隊所属のF6F-5艦上戦闘機による攻撃中に松山航空基地へ着陸を試みようとする紫電二一型。この写真を撮影したF6F-5艦上戦闘機以外の機体からも攻撃を受けており、写真中には多数の曳光弾の光点が確認できる。

松山航空基地へ着陸を試みる紫電二一型。ブレーキを掛けているらしく主脚付近から土煙が上がっている。着陸時の視界確保のため、可動風防は開けられているように見える。この機体は攻撃中に着陸を強行した戦闘第七〇一飛行隊所属の松場秋夫少尉機かもしれない。

松山航空基地の格納庫群への機銃掃射。第9戦闘飛行隊の戦闘報告書には、この攻撃で撃破4機、不確実撃破6機、損傷10機の戦果を挙げたと記載されている。

松山航空基地の西側の外縁部に並べられた囮機への機銃掃射。飛行不能となった機体を囮機として使用しているため、一見しただけでは飛行不可能な機体かどうかを判別することは困難と思われる。

「ヨークタウン」飛行隊の四国攻撃

**1945.3.19.
松山、高知**

　1945年（昭和20年）3月19日5時45分、第58.4任務群の旗艦であった空母「ヨークタウン」から第1次攻撃隊として第9戦闘飛行隊所属のF6F-5艦上戦闘機16機が発艦を開始した。この日、第58.4任務群には第十一海軍航空廠が主要攻撃目標として割り当てられていた。第1次攻撃隊には、その攻撃に先立つ制空権確保のため呉、西条、松山の各航空基地への攻撃が命じられていた。

　7時30分、第9戦闘飛行隊は最初の攻撃目標である呉航空基地を攻撃し、続いて西条航空基地、松山航空基地、さらに再度西条航空基地の順番で攻撃を行った後、母艦へ帰投した。

　9時、第58.4任務群の第3次攻撃隊として「ヨークタウン」と「イントレピッド」から計27機が発艦を開始した。この攻撃隊は日立造船因島工場で艤装中であった陸軍特殊船「熊野丸」を攻撃後、高知航空基地を攻撃して母艦へ帰投した。

松山航空基地近くの重信川河口付近の上空にて撮影機の攻撃を回避する紫電二一型らしき航空機。第9戦闘飛行隊の戦闘報告書には、松山航空基地周辺で空戦を行った記録はあるものの、交戦したのは零式水偵と記載されており、同飛行隊撮影の映像と断定できない。

低空に降りることで撮影機の攻撃を回避しようとする紫電二一型らしき航空機。航空機の周囲に見える光点はいずれも撮影機が発射した12.7mm機銃の曳光弾である。この一連の映像を見る限りでは、機銃弾は全て後落しており、命中弾を与えることはできていない。

第3次攻撃隊として発艦した第9戦闘爆撃飛行隊所属のF6F-5艦上戦闘機による高知航空基地の南西にあった掩体地区への機銃掃射。同基地は偵察員の養成を行う高知海軍航空隊が使用しており、使用機材は白菊であった。

高知航空基地の誘導路上の白菊らしき単発機への機銃掃射。写真左側の中型機用と見られる無蓋掩体内には2機の白菊らしき単発機が駐機されている。写真中央部に見える施設群の火災は、約1時間前に攻撃を行った第58.3任務群所属機によるもの。

高知航空基地の西側の外縁部に駐機された白菊への機銃掃射。この日、高知航空基地は第9戦闘爆撃飛行隊が攻撃を行う前に3回の攻撃を受けており、写真右上には機体から漏れ出た航空燃料が地面を黒くしているのが確認できる。

高知航空基地の滑走路南側に偽装等をされることなく分散して駐機された白菊への機銃掃射。第9戦闘爆撃飛行隊の戦闘報告書には、この攻撃で撃破3機、不確実撃破7機、損傷17機の戦果を挙げたと記載されている。

第9戦闘爆撃飛行隊所属のF6F-5艦上戦闘機による高知海軍航空隊所属の白菊への機銃掃射。高知海軍航空隊は3月1日付で第十航空艦隊に編入されており、白菊の塗装が練習機の橙色から実用機の濃緑色へと塗り替えられているのが分かる。

「バンカー・ヒル」飛行隊の呉軍港攻撃

1945.3.19. 呉

　1945年（昭和20年）3月19日6時30分頃、呉在泊艦船の攻撃を命じられた第58.1任務群と第58.3任務群所属の空母7隻から計217機の攻撃隊が発艦を開始した。これらのうち第58任務部隊の旗艦である空母「バンカー・ヒル」からは、第451海兵戦闘飛行隊所属のF4U-1D艦上戦闘機15機、第84爆撃飛行隊所属のSB2C-4E艦上爆撃機12機、第84雷撃飛行隊所属のTBM-3艦上攻撃機14機、第84空母航空群所属のF4U-1D艦上戦闘機3機とF6F-5P写真偵察機1機の計45機からなる攻撃隊が発艦した。

　第58.3任務群の空母3隻から発艦した攻撃隊は、編隊を組んで四国を横断して呉軍港上空へと向かった。呉近郊に到達した攻撃隊は一旦呉軍港上空を迂回して北上し、攻撃目標の選定を行った。その間に日本軍の各種口径の対空火器による激烈な射撃に遭遇した編隊では、日本軍の射撃管制用レーダーを妨害するために電子妨害装置を作動させ、さらにウィンドウの撒布も行った。

　8時30分頃、攻撃隊指揮官より攻撃開始が下令され、第84空母航空群は攻撃の先陣を切ることとなった。

第84雷撃飛行隊所属のTBM-3艦上攻撃機の機内から撮影された攻撃開始直後の呉軍港。呉軍港周辺では対空砲の射撃に伴う白煙が薄っすらと棚引いているのが確認できる。写真右下に確認できる船影は病院船「高砂丸」であり、この日の攻撃で至近弾により小破した。

TBM-3の機内から撮影された呉軍港内に停泊中の雲龍型空母。第84雷撃飛行隊14機のうち、6機が雲龍型空母1隻を、3機が「海鷹」をそれぞれ目標に緩降下爆撃を行い、雲龍型空母には500ポンド通常爆弾4発の命中と多数の至近弾を与えたと報告している。

第84雷撃飛行隊による攻撃直後の呉軍港内。写真中央右側で発砲しているのは伊勢型航空戦艦であり、その右に見える白い船影は「高砂丸」である。写真右下には呉海軍工廠沖に繋留中の「榛名」が写っており、対空射撃による硝煙に包まれているのが確認できる。

TBM-3艦上攻撃機の機内から撮影された攻撃を受ける呉在泊艦船。同飛行隊の戦闘報告書には、5機が呉海軍工廠を目標に500ポンド通常爆弾20発を投下し、多数の命中弾を得たと記載されている。写真下部に見える黒煙は、その爆撃によって生じたものである。

「ベニントン」飛行隊の「大和」攻撃

1945.3.19. 岩国沖

1945年（昭和20年）3月19日6時30分頃、呉在泊艦船の攻撃を命じられた第58.1任務群と第58.3任務群所属の空母7隻から計217機の攻撃隊が発艦を開始した。これらのうち第58.1任務群所属の空母「ベニントン」からは、第82戦闘飛行隊所属のF6F-5艦上戦闘機13機とF6F-5P写真偵察機1機、第82爆撃飛行隊所属のSB2C-4艦上爆撃機11機、第82雷撃飛行隊所属のTBM-3艦上攻撃機12機の計37機からなる攻撃隊が発艦した。

これに対して、連合艦隊から米機動部隊による空襲が予想される旨の通報を受けた第一遊撃部隊では、18日未明に第二水雷戦隊及び第三十一戦隊へ稼働兵力の全力を戦艦「大和」の護衛に差し向けるように命じた。そして、第二水雷戦隊からは駆逐艦「冬月」、「涼月」、「浜風」、「霞」、「響」が、第三十一戦隊からは駆逐艦「花月」、「槇」、「桐」、「椎」、「杉」、「樫」が出動し、広島湾上で「大和」と合同した。

8時頃、呉に近付きつつあった「ベニントン」隊は、攻撃隊指揮官から呉の西方約8kmを航行する日本艦隊を攻撃するよう命じられた。

上／岩国沖にて第82爆撃飛行隊所属のSB2C-4艦上爆撃機等の攻撃を受ける戦艦「大和」。右へ回頭して爆撃を回避しており、艦影の右側には爆弾の炸裂による水柱が確認できる。写真に写り込んでいる島影は、上が端島、左上が手島である。

右／第82雷撃飛行隊所属のTBM-3艦上攻撃機の後席から撮影されたと思われる回避行動中の「大和」。艦中央部右舷側の海面で炸裂した爆弾の水柱により艦体の殆どが隠れてしまっている。写真上部には「大和」の護衛に当たっていた駆逐艦の艦影が確認できる。

「大和」の護衛に当たっていた駆逐艦が艦後部の主砲を発砲した瞬間。「大和」の護衛には、前述の駆逐艦11隻が当たっていた。第二水雷戦隊所属の5隻はこの対空戦闘で撃墜9機を報じているが、第82爆撃飛行隊の戦闘報告書では未帰還1機、損傷5機となっている。

爆弾の炸裂による水煙の中から艦橋より前方の艦体を現した「大和」。同艦への攻撃を実施したのは、各機1,000ポンド半徹甲爆弾2発を搭載していた第82爆撃飛行隊の11機と500ポンド通常爆弾2発を搭載していた第82戦闘飛行隊の2機のみであった。

「ヨークタウン」飛行隊の第十一海軍航空廠攻撃

1945.3.19. 呉

1945年（昭和20年）3月19日5時45分頃、第58.4任務群の第1次攻撃隊として空母「ヨークタウン」から第9戦闘飛行隊所属のF6F-5艦上戦闘機16機、空母「イントレピッド」から第10戦闘爆撃飛行隊所属のF4U-1D艦上戦闘機10機の計26機が発艦した。この攻撃隊の任務は制空権確保のため、呉、西条、松山の各航空基地を攻撃することであった。

7時10分頃、第58.4任務群に割り当てられた主要攻撃目標である第十一海軍航空廠を攻撃するため、第2次攻撃隊が発艦を開始した。この編隊は、「ヨークタウン」から第9戦闘飛行隊所属のF6F-5艦上戦闘機4機、第9戦闘爆撃飛行隊所属のF6F-5艦上戦闘機12機、第9爆撃飛行隊所属のSB2C-4艦上爆撃機10機、第9雷撃飛行隊所属のTBM-3艦上攻撃機11機、空母「イントレピッド」から第10戦闘飛行隊所属のF4U-1D艦上戦闘機12機、第10爆撃飛行隊所属のSB2C-4E艦上爆撃機10機、第10雷撃飛行隊所属のTBM-3艦上攻撃機11機の計70機で編成されていた。

第1次攻撃隊として発艦した第9戦闘飛行隊所属のF6F-5艦上戦闘機による呉航空基地の格納庫への5インチロケット弾攻撃。同飛行隊のF6F-5艦上戦闘機16機のうち、6機は5インチロケット弾2発、7機は500ポンド通常爆弾1発を搭載していた。

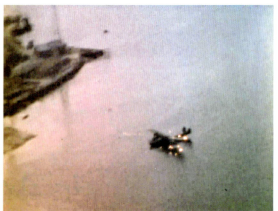

左上／第9戦闘飛行隊所属のF6F-5艦上戦闘機による、呉航空基地と第十一海軍航空廠の間にある海面に繋留中の零式水偵らしき水上機への機銃掃射。同飛行隊の戦闘報告書には、この攻撃で撃破1機、不確実撃破3機、損傷6機の戦果を挙げたと記載されている。

右上／第9戦闘飛行隊所属のF6F-5艦上戦闘機による第十一海軍航空廠沖に繋留中の九九式飛行艇への機銃掃射。同飛行隊の戦闘報告書には、二式大艇1機を不確実撃破したと記載されているが、この機体は双発、双尾翼であるため、九九式飛行艇と見られる。

左／空襲から避退するため水上を滑走中の零式水偵らしき水上機への機銃掃射。第9戦闘飛行隊の戦闘報告書には、4小隊2番機のスマイヤー少尉機が離水直後の零式水偵を攻撃して水上へ着水させたとあるため、同少尉機に搭載されたガンカメラで撮影された可能性がある。

第9爆撃飛行隊所属のSB2C-4艦上爆撃機による第十一海軍航空廠の施設への急降下爆撃。撮影機は20mm機銃を発射しつつ降爆中である。撮影機が照準を付けている建物前のエプロンには、二式大艇らしき飛行艇を含む5機の飛行艇が駐機されている。

第9爆撃飛行隊所属のSB2C-4艦上爆撃機による第十一海軍航空廠への急降下爆撃。先行機の投弾した爆弾が施設内で炸裂した瞬間を捉えている。第9爆撃飛行隊は各機500ポンド通常爆弾2発を搭載していた。

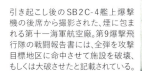

引き起こし後のSB2C-4艦上爆撃機の後席から撮影された、煙に包まれる第十一海軍航空廠。第9爆撃飛行隊の戦闘報告書には、全弾を攻撃目標地区に命中させて施設を破壊、もしくは大破させたと記載されている。

第9雷撃飛行隊所属のTBM-3艦上攻撃機による呉航空基地の施設群への緩降下爆撃。同飛行隊の3機は先行機の爆撃による煙で第十一海軍航空廠が覆われてしまったので、隣接する呉航空基地の施設群を爆撃した。

「ヨークタウン」飛行隊の第十一海軍航空廠攻撃

「ヨークタウン」飛行隊の「熊野丸」攻撃

1945.3.19. 尾道

1945年（昭和20年）3月19日9時、第58.4任務群の第3次攻撃隊として空母「ヨークタウン」から第9戦闘爆撃飛行隊所属のF6F-5艦上戦闘機13機、空母「イントレピッド」から第10戦闘飛行隊所属のF4U-1D艦上戦闘機8機、第10戦闘爆撃飛行隊所属のF4U-1D艦上戦闘機6機の計27機が発艦を開始した。この攻撃隊の攻撃目標は日立造船因島工場で艤装が行われていた陸軍特殊船「熊野丸」であった。

米軍はこれまでのF-13写真偵察機による日本各地への偵察飛行で横浜と神戸、因島の造船所において護衛空母が新造されているのを把握していた。そして、呉及び神戸在泊艦船への攻撃が急遽決定したことで、これらの「護衛空母」も攻撃目標とされた。

なお、横浜で建造された「山汐丸」は2月17日の米艦上機による関東攻撃で大破着底し、神戸で建造された「しまね丸」も7月24日の英艦上機による攻撃で大破着底した。「熊野丸」だけが大きな被害を受けることなく終戦を迎え、復員輸送に用いられた。

第9戦闘爆撃飛行隊所属のF6F-5艦上戦闘機による「熊野丸」への攻撃。同飛行隊の攻撃は、第10戦闘飛行隊のF4U-1D艦上戦闘機8機による「熊野丸」攻撃後に行われた。「熊野丸」を狙って外れた爆弾やロケット弾が因島工場の敷地内に着弾して煙を上げている。

第9戦闘爆撃飛行隊の戦闘報告書には、降下角50度の急降下で降爆を行い、高度約1,050mで搭載していた500ポンド通常爆弾を投下、もしくは5インチロケット弾を発射したと記載されている。写真上の船影は、工事のため停泊中であった「帝立丸」と思われる。

F6F-5艦上戦闘機の発射した12.7mm機銃弾の曳光弾と工場敷地内に設置されていたと見られる対空火器の曳光弾が交錯している。因島工場のドック内では2隻が建造中であり、もう1隻は「熊野丸」と同様に艤装中と思われる。

左上／第9戦闘爆撃飛行隊所属のF6F-5艦上戦闘機による「熊野丸」への機銃掃射。撮影機の発射した12.7mm機銃の焼夷弾が同船の飛行甲板に命中して閃光を発している。なお、原本フィルムの保存状態が悪かったのか写真全体が薄暗くなっている。

右上／第9戦闘爆撃飛行隊の戦闘報告書には、「熊野丸」に対して500ポンド通常爆弾6発を投下し、5インチロケット弾26発を発射したが、命中を確認したのは500ポンド通常爆弾1発と5インチロケット弾3発であったと記載されている。

右／「熊野丸」の船尾付近で火災が発生し、船体からの重油らしき油の流出が確認できる。第10戦闘飛行隊の戦闘報告書には、「熊野丸」の船尾に命中弾1発と至近弾3発を与えたと記載されており、これらの損傷は同飛行隊の戦果と思われる。

第9戦闘爆撃飛行隊による攻撃終了間際に撮影された「熊野丸」。輸送船への攻撃を行った6機を除く計21機の米艦上機から攻撃を受けたため、同船の周囲に無数の機銃弾や爆弾、ロケット弾によってできた波紋が確認できる。

銀河 VS F6F-5

**1945.3.21.
九州南東沖**

　1945年（昭和20年）3月20日14時58分、第58.2任務群の空母「ハンコック」は右舷側に駆逐艦「ハルゼー・パウエル」を横付けし、同艦へ燃料を補給中であった。そこへ1機の零戦（米軍の識別）が「ハンコック」へ特攻攻撃を行った。しかし、その零戦は「ハンコック」の飛行甲板上を掠めて、右舷にいた「ハルゼー・パウエル」に命中した。この攻撃によって損傷した同艦は、駆逐艦「ザ・サリヴァンズ」の護衛を受けてウルシー環礁へと向かった。

　翌21日、この2隻の上空直掩を任された第58.4任務群では、日の出から日没後までの間、常時2隻の上空に戦闘空中哨戒の戦闘機隊を張り付かせて接近を試みる日本軍機の迎撃を行った。10時30分、「ハルゼー・パウエル」上空の戦闘空中哨戒の3直目として空母「ヨークタウン」から第9戦闘飛行隊所属のF6F-5艦上戦闘機4機が発艦を開始した。12時41分、「ハルゼー・パウエル」のレーダーは敵味方不明機を捉え、第9戦闘飛行隊をその目標へと誘導した。

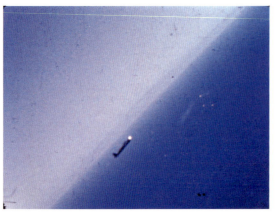

「ハルゼー・パウエル」からの無線誘導に従った第9戦闘飛行隊のF6F-5艦上戦闘機4機は、同艦から約30km離れた地点で四式重爆1機（米軍の識別）を発見し、3時方向から攻撃を加えた。

第9戦闘飛行隊のP・S・ボール・ジュニア大尉による第七六二海軍航空隊所属の銀河への攻撃。第9戦闘飛行隊は交戦した日本機を四式重爆としているが、「ハルゼー・パウエル」と「ザ・サリヴァンズ」ではこの日本軍機を銀河だと識別していた。

ボール大尉機の1撃目を受けて右エンジンから発火する銀河。日本側の記録では、3月21日に出撃した四式重爆は存在しない。一連の映像に映っている状況と日米双方の一次史料を照合した結果、第七六二海軍航空隊所属の銀河であると判断した。

被弾した右エンジンから炎の帯を吐きながらも飛行を続ける銀河。ボール大尉が攻撃を開始した時点で、この銀河は高度約1,200mを時速約470kmで飛行中であった。

銀河の操縦席付近に12.7mm機銃の焼夷弾が命中して閃光を発している。この一連のガンカメラ映像を撮影したボール大尉は、1撃目で右エンジンを発火させ、さらに主翼後方の機体にも命中弾を与えたと報告している。

ボール大尉機の攻撃を回避するために緩降下を開始する「銀河」。写真中央に写り込んでいる光点は、「銀河」の後部銃座からボール大尉機に向けて発射された13mm機銃の曳痕弾である。

ボール大尉の僚機が撮影した超低空で離脱を試みようとする銀河。ボール大尉はこの銀河に対して2撃目を加え、左エンジンからも発火させた。その直後に僚機が銀河を攻撃した際に撮影されたものである。

両エンジンから発火しつつも飛行を続ける銀河。F6F-5艦上戦闘機の攻撃を回避するため、海面すれすれの高度を飛行している。第9戦闘飛行隊の戦闘報告書には、この直後に銀河は燃え上がって海面に激突したと記載されている。

「ヨークタウン」飛行隊の古仁屋攻撃

**1945.3.26.
奄美大島**

1945年（昭和20年）3月26日、米軍は沖縄本島上陸の足掛かりとして慶良間諸島への上陸を開始した。これに伴う航空支援については、第52任務部隊所属の護衛空母群の艦上機が慶良間諸島への攻撃を担当し、第58任務部隊所属の高速空母群の艦上機は沖縄本島や奄美群島、大東諸島方面への攻撃を担当した。

25日に洋上補給を済ませた第58.3任務群と第58.4任務群は、第58.1任務群と交代する形で沖縄本島東方海域へと進出し、日の出30分前の5時50分頃より各空母から攻撃隊が発艦を開始した。第58.4任務群の旗艦である空母「ヨークタウン」からも第1次攻撃隊として第9戦闘爆撃飛行隊のF6F-5艦上戦闘機16機と第9爆撃飛行隊のSB2C-4艦上爆撃機15機が発艦し、「イントレピッド」を発艦した攻撃隊と共に攻撃目標である奄美大島へと向かった。そして、14時にはこの日最後の攻撃隊として、第9戦闘爆撃飛行隊のF6F-5艦上戦闘機12機が徳之島と奄美大島を攻撃すべく発艦を開始した。

第1次攻撃隊として発艦した第9戦闘爆撃飛行隊所属のF6F-5艦上戦闘機による、奄美大島の古仁屋港に停泊中の小型船舶への5インチロケット弾攻撃。写真左側に写っている古仁屋市街地は、この後第1次攻撃隊の攻撃によって大きな被害を受けることになる。

第1次攻撃隊の第9戦闘爆撃飛行隊のF6F-5艦上戦闘機による、加計呂麻島沖に停泊中の1D型戦時標準船「大亜丸」への機銃掃射。同船はカタ六〇四船団に加わって行動中の3月1日、奄美大島にて米艦上機の攻撃を受けて被弾し、加計呂麻島沖にて応急修理中であった。

F6F-5艦上戦闘機の機銃掃射を受ける「大亜丸」。第9戦闘爆撃飛行隊の戦闘報告書の記載内容から、同飛行隊のA・W・バリクェット中尉機による攻撃時に撮影されたものであろうと思われる。

第9爆撃飛行隊所属のSB2C-4艦上爆撃機による古仁屋市街地への急降下爆撃時に撮影された1コマ。先行した「イントレピッド」隊の攻撃によって、写真左側の古仁屋航空基地と思われる場所から煙が立ち昇っている。

第9爆撃飛行隊による古仁屋市街地北側の奄美大島要塞司令部が置かれていた施設群への急降下爆撃。写真中央右側には先行するSB2C-4艦上爆撃機が写り込んでおり、写真左側の施設群では既に1ヵ所で火災の発生が確認できる。

第1次攻撃隊の攻撃目標は、古仁屋航空基地と周辺の軍事施設であった。しかし、先行した航空機の爆撃で発生した煙によって視界を妨げられた一部の航空機は、攻撃目標を古仁屋市街地へと変更した。写真左下には市街地で発生した火災による煙が確認できる。

第9爆撃飛行隊のSB2C-4艦上爆撃機による、機帆船らしき小型船舶への機銃掃射。第9爆撃飛行隊の戦闘報告書には、編隊長のウッドコック大尉他3名の搭乗員が古仁屋港に停泊中の小型船舶に対して機銃掃射を行ったと記載されている。

16時頃に第9戦闘爆撃飛行隊のF6F-5艦上戦闘機によって撮影された、加計呂麻島沖で攻撃を受ける「大亜丸」。第9戦闘爆撃飛行隊は激しい対空砲火を浴びながら攻撃を実施し、1機を失ったものの少なくとも5インチロケット弾3発を同船に命中させたと報告している。

「ヨークタウン」飛行隊の沖縄北・中飛行場攻撃

1945.3.26.～27. 沖縄本島

　1945年（昭和20年）3月26日、前日に第50.8任務群から洋上補給を受けた第58.4任務群は、早朝から沖縄本島や奄美大島方面に向けて各空母から攻撃隊を発艦させた。7時30分頃、第58.4任務群の旗艦「ヨークタウン」から第2次攻撃隊として第9戦闘爆撃飛行隊所属のF6F-5艦上戦闘機12機と第9雷撃飛行隊所属のTBM-3艦上攻撃機15機が発艦を開始した。この編隊の攻撃目標は、沖縄北飛行場と沖縄中飛行場周辺の対空陣地や施設等であった。第9戦闘爆撃飛行隊は第1攻撃目標とされた沖縄北飛行場を攻撃後、第2攻撃目標の沖縄中飛行場を攻撃した。この際、第9戦闘爆撃飛行隊のフォックス大尉機が第9雷撃飛行隊隊長のクック少佐機と空中衝突を起こし、クック少佐機の搭乗員3名が戦死するという事態が発生した。

　翌27日7時45分頃、「ヨークタウン」から第2次攻撃隊として第9戦闘飛行隊所属のF6F-5艦上戦闘機12機と第9雷撃飛行隊所属のTBM-3艦上攻撃機14機が発艦を開始した。この編隊の攻撃目標は、沖縄北飛行場周辺の対空陣地や施設群であった。

3月26日の、第9戦闘爆撃飛行隊に所属するF6F-5艦上戦闘機による、沖縄中飛行場南側の誘導路脇にある住宅らしき建物への5インチロケット弾攻撃。米軍は誘導路脇に点在する建物を兵舎として認識しており、これらの建物にも攻撃が行われた。

第9戦闘爆撃飛行隊所属のF6F-5艦上戦闘機による沖縄中飛行場南側の無蓋掩体地区への機銃掃射。米軍作成の沖縄中飛行場の配置図には、この機銃掃射を受けている場所に対空陣地があると記載されている。

沖縄中飛行場の東西に伸びる滑走路の北側に設けられた塹壕らしき施設への機銃掃射。同飛行場攻撃時に空中衝突を起こしたフォックス大尉は、飛行場近くに胴体着陸した後、洞窟に隠れながら小舟を入手して沖に出たところを米軍に発見されて救助された。

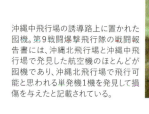

沖縄中飛行場の誘導路上に置かれた囮機。第9戦闘爆撃飛行隊の戦闘報告書には、沖縄北飛行場と沖縄中飛行場で発見した航空機のほとんどが囮機であり、沖縄北飛行場で飛行可能と思われる単発機1機を発見して損傷を与えたと記載されている。

3月27日の第9戦闘飛行隊所属のF6F-5艦上戦闘機による、沖縄北飛行場西端に駐機された双発機への機銃掃射。第9戦闘飛行隊の戦闘報告書には、この双発機を四式重爆であろうとしており、ヤング中尉がこの機体を撃破したと記載されている。

F6F-5艦上戦闘機による現読谷村立喜名小学校の校舎への急降下攻撃。第9戦闘飛行隊は2航過目に沖縄北飛行場北東の倉庫と施設群に対して500ポンド通常爆弾と5インチロケット弾による攻撃を行った。既に地上では火災が発生しているのが確認できる。

第9戦闘飛行隊のF6F-5艦上戦闘機が捉えた沖縄北飛行場の3本の滑走路。23日から始まった沖縄本島への上陸準備攻撃によって、滑走路やその周辺の至る所に爆弾やロケット弾の着弾によってできたクレーターが確認できる。

沖縄北飛行場の誘導路脇に置かれている双発の囮機らしきものへの機銃掃射。27日の第9戦闘飛行隊による同飛行場への攻撃は、本曇りの中で行われたため、いずれの写真も薄暗く写ってしまっている。

「ホーネット」飛行隊の徳之島・加計呂麻島攻撃

**1945.3.27.
徳之島、加計呂麻島**

　1945年（昭和20年）3月27日、前日に洋上補給を済ませた第58.1任務群は、奄美群島の艦船や地上施設等の攻撃を割り当てられたため、北上を開始していた。同任務群は早朝より、北方から接近してくる日本軍機をレーダーで捉え、戦闘機誘導士官が戦闘空中哨戒任務の戦闘機隊に指示を出して迎撃し、撃墜していた。しかし、それらの日本軍機全てを撃墜することはできず、レーダーピケット艦として行動していた駆逐艦「マーレイ」が天山（米軍の識別）の雷撃を、駆逐艦「ブラッシュ」が彗星の急降下爆撃をそれぞれ受けて小破した。また、第58.1任務郡上空にも彗星1機が来襲したため、回避行動を取らざるを得ず、攻撃隊発艦地点に到達するのが予定よりも遅くなってしまった。

　12時10分頃、攻撃隊発艦地点に到達した第58.1任務群の空母4隻から第1次攻撃隊が発艦を開始した。同任務群の旗艦である空母「ホーネット」からも、第1次攻撃隊としてF6F-5艦上戦闘機11機とSB2C-3艦上爆撃機11機が発艦を開始した。

陸軍徳之島飛行場の無蓋掩体内に駐機された航空機への機銃掃射。第17空母航空群の飛行隊長であるE・G・コンラッド少佐に率いられた第1次攻撃隊は、まず徳之島上空へと向かい、コンラッド少佐直率のF6F-5艦上戦闘機4機のみが同飛行場へ機銃掃射を行った。

写真中央右に写っている閃光は対空砲弾の炸裂の瞬間を捉えたもの。第1次攻撃隊は、第17戦闘飛行隊のF6F-5艦上戦闘機4機、第17戦闘爆撃飛行隊のF6F-5艦上戦闘機7機、第17爆撃飛行隊のSB2C-3艦上爆撃機11機によって編成されていた。

第17戦闘飛行隊による陸軍徳之島飛行場への機銃掃射。F6F-5艦上戦闘機は各機5インチロケット弾を搭載していたが、飛行場攻撃時には使用していない。同飛行隊の戦闘報告書には、機銃掃射によって単発機2機撃破の戦果を挙げたと記載されている。

第1次攻撃隊の攻撃を受ける加計呂麻島に停泊中の小型船舶群。「ホーネット」を発艦した第1次攻撃隊の主要攻撃目標は、加計呂麻島に停泊中の小型船舶群であった。「ホーネット」隊では、F6F-5艦上戦闘機1機とSB2C-3艦上爆撃機1機でペアを作って攻撃を行った。

加計呂麻島の瀬相近くの海岸に停泊中の小型船舶群に対する攻撃。先行する機体の銃爆撃とロケット弾攻撃によって比較的大きな2隻から煙が上がっている。編隊長であるコンラッド少佐は1航過目に対空砲火によって被弾し、攻撃を中断して母艦へ帰投した。

F6F-5艦上戦闘機による加計呂麻島に停泊中の小型船舶群への5インチロケット弾攻撃。大島防備隊戦闘詳報には、この日の空襲で漁船4隻が沈没、同2隻が損傷を受けたと記載されており、「ホーネット」隊の攻撃によるものもこの中に含まれていると思われる。

攻撃の終盤に撮影されたと思われる1コマ。小型船舶群に搭載されていた燃料が漏れて海面に油膜を作っている。第17戦闘飛行隊の戦闘報告書には、F6F-5艦上戦闘機による攻撃で小型船舶3隻を撃沈し、同4隻を撃破したと記載されている。

5インチロケット弾による攻撃。この攻撃時に3小隊3番機のG・W・マカドゥー少尉機も被弾して奄美大島沖に不時着水した。同少尉は救助に来た戦艦「インディアナ」のOS2U水上観測機に救助されたものの、その機体が離水時に墜落して行方不明となった。

第58.1任務群による南九州攻撃

1945.3.28.〜29.
南九州

　1945年（昭和20年）3月26日、米軍は沖縄本島攻略作戦における足掛かりとして慶良間諸島への上陸を開始した。これに対して、日本海軍は天一号作戦を発動したものの、天候不良と鹿屋航空基地に展開中の彩雲の稼働率低下で米機動部隊を捕捉できずにいた。そこで、連合艦隊は呉在泊の第一遊撃部隊を囮として豊後水道経由で佐世保へ進出させ、その動きに気付いた米機動部隊を九州沖に誘引して航空攻撃で撃滅する作戦を立案した。この作戦案は関係する部隊から反発を受けたものの、実行に移された。

　この第一遊撃部隊の航路上における前路対潜掃討を行うため、下関にて補給中であった第百二戦隊所属の海防艦「御蔵」と第三十三号海防艦が急遽出撃することとなった。

　28日朝、第5艦隊は有力な日本艦隊が九州東岸沖を南下中という通報に接した。これを受けて、同艦隊は2日前に洋上補給済の第58.1任務群に対し、直ちに九州南東沖へ北上して日本艦隊の捜索と迎撃を命じた。14時30分頃、攻撃隊発艦地点に到達した第58.1任務群の空母4隻から日本艦隊の索敵攻撃を命じられた計133機の攻撃隊が発艦を開始した。

上／第58.1任務群を発艦した攻撃隊によって捕捉された第三十三号海防艦。同攻撃隊は日向灘上で日本艦隊の捜索を行ったものの発見できず、第一遊撃部隊の前路対潜掃討に当たっていた第三十三号海防艦と佐伯防備隊所属の特設駆潜艇へ攻撃を行った。

左／「ホーネット」所属の第17戦闘爆撃飛行隊のF6F-5艦上戦闘機による第三十三号海防艦への5インチロケット弾攻撃。同艦はこの攻撃を受ける直前に僚艦の「御蔵」を米潜「スレッドフィン」の雷撃で失っており、爆雷攻撃を行っているところであった。

第17爆撃飛行隊所属のSB2C-3艦上爆撃機の後席から撮影された、爆沈する第三十三号海防艦。同飛行隊の戦闘報告書には、同艦の弾薬庫に投下した1,000ポンド半徹甲爆弾が直撃して爆沈したようだと記載されている。

SB2C-3艦上爆撃機の後席から撮影された第三十三号海防艦の爆沈地点。第17戦闘爆撃飛行隊の戦闘報告書には、煙が収まった後の海面には艦の残骸と流出した重油の火災しか認められなかったと記載されている。

29日7時頃に行われた空母「ベニントン」所属の第82戦闘飛行隊のF6F-5艦上戦闘機による陸軍都城西飛行場への攻撃。第58任務部隊では、この日早朝から3コ任務群の全力をもって日本艦隊への索敵攻撃と南九州の航空基地群制圧を行った。

第82戦闘飛行隊のF6F-5艦上戦闘機による陸軍都城西飛行場の格納庫地区に対する機銃掃射。同飛行隊の攻撃目標は鹿屋航空基地であったものの、同基地が雲で閉ざされていたため、臨機目標として陸軍都城西飛行場と陸軍都城東飛行場への攻撃を実施した。

第82戦闘飛行隊のF6F-5艦上戦闘機による種子島の西之表港に停泊中の小型船舶に対する機銃掃射。同飛行隊は母艦への帰投時に2機が500ポンド通常爆弾を搭載したままであった。そこで、帰投経路上にて爆撃に適した目標を探した結果、西之表港の船舶を攻撃した。

第82戦闘飛行隊のF6F-5艦上戦闘機による西之表港の小型船舶への機銃掃射。同飛行隊の戦闘報告書には、ジェニングス大尉が投下した爆弾によって小型船舶2隻を撃破したと記載されている。

「ヨークタウン」飛行隊の鹿屋航空基地攻撃

**1945.3.29.
鹿屋**

　1945年（昭和20年）3月28日、有力な日本艦隊が豊後水道経由で佐世保へ進出中との報に接した第5艦隊では、第58任務部隊に沖縄本島における全ての支援任務を打ち切り、日本艦隊を迎撃するため直ちに九州南東沖へ北上するように命じた。同日午後には早くも第58.1任務群が九州南東沖へ進出し、日本艦隊に対する攻撃隊を発艦させたものの、第三十三号海防艦や佐伯防備隊所属の特設駆潜艇を撃沈破させたにとどまった。

　これに対して、連合艦隊では米艦上機の来襲意図を沖縄本島攻略作戦における支援目的であろうと判断し、呉を出撃した第一遊撃部隊に佐世保回航を見合わせ、瀬戸内海西部での待機を命じた。

　3月29日5時45分頃、第58任務部隊の3コ任務群に所属する全11隻の空母から日本艦隊への索敵攻撃を命じられた攻撃隊が発艦を開始した。しかし、第一遊撃部隊は既に佐世保回航を見合わせており、日本艦隊を発見できなかった攻撃隊は臨機目標として南九州各地を攻撃した。その後、第58任務部隊は沖縄本島東方海域へ後退を開始するが、第58.4群には殿として南九州の航空基地に対する攻撃が命じられた。

12時15分に空母「ヨークタウン」を発艦した第9戦闘飛行隊所属のF6F-5艦上戦闘機11機と第9戦闘爆撃飛行隊所属のF6F-5艦上戦闘機9機による鹿屋航空基地への攻撃。この攻撃は後退する第58任務部隊を日本軍機の攻撃から防ぐために行われた。

F6F-5艦上戦闘機による、鹿屋航空基地内にあった機体工場と言われる施設への5インチロケット弾攻撃。先行機の投下した500ポンド通常爆弾が写真左側の建物至近で炸裂して土煙を舞い上げている。

鹿屋航空基地の主要格納庫群から道を隔てた場所に建築された小型格納庫群と思しき建物への5インチロケット弾攻撃。右の1棟のみ残っており、残りの3棟はこれまでの空襲で基礎部分のみを残して焼失したものと思われる。

鹿屋航空基地内に駐機された零式輸送機への機銃掃射。この鹿屋航空基地への攻撃で、第9戦闘飛行隊と第9戦闘爆撃飛行隊は合わせて双発機2機を不確実撃破し、双発機11機に何らかの損傷を与えたと報告している。

鹿屋航空基地に隣接して建てられた施設群への機銃掃射。同基地は3月18日の初空襲以後、19日、28日と立て続けに米艦上機による攻撃を受けており、手前の格納庫らしき建物は骨組みだけとなってしまっている。

鹿屋航空基地の第4格納庫(写真右上)への5インチロケット弾攻撃。同格納庫の屋根にはこれまでの攻撃によってできたと思われる3ヶ所の被弾痕が確認できる。攻撃隊の戦闘報告書には、かなりの数の基地施設が骨組みだけであったと記載されている。

鹿屋航空基地の南側に位置する兵舎らしき施設への機銃掃射。雲量9/10という視界の悪い中で攻撃が行われたため、地表部分が暗く写って見える。攻撃隊は基地上空の雲の切れ間から降下して攻撃を実施したため、対空砲火の反撃はほとんど受けなかったとしている。

鹿屋基地南側の無蓋掩体地区上空で撮影された1コマ。写真左側の誘導路脇には設営隊が使用する土木機材専用の無蓋掩体群が確認できる。

「ホーネット」飛行隊の大島輸送隊攻撃

**1945.4.2.
加計呂麻島**

　1945年（昭和20年）3月23日、第十七号輸送艦は大浦突撃隊にて沖縄本島へ輸送する蛟龍2基を搭載した。この後、同艦は沖縄本島へと向かう予定であったが、26日になって佐世保鎮守府より目的地を奄美大島へ変更する旨の命令が発せられた。27日、第十七号輸送艦を旗艦とする輸送艦3隻、駆潜艇1隻の大島輸送隊が編成され、のちに海防艦1隻と駆潜艇1隻も護衛として加わった。そして、31日に佐世保を出撃した大島輸送隊は、第九五一海軍航空隊の零式水偵による掩護を受けながら奄美大島へと向かった。同隊は途中で第58.4任務群の「ヨークタウン」と「ラングレー」から発艦した夜間攻撃隊9機の空襲を受けながらも4月2日未明に加計呂麻島沖の泊地に到着して搭載物資の揚陸作業を開始した。

　4月2日5時45分頃、第58.1任務群の旗艦である「ホーネット」から大島輸送隊を攻撃目標とした第1次攻撃隊32機が発艦を開始した。さらに、15時頃には第2次攻撃隊40機が発艦を開始した。

第1次攻撃隊として発艦した第17戦闘飛行隊所属のF6F-5艦上戦闘機による第十七号輸送艦への5インチロケット弾攻撃。同飛行隊の戦闘報告書には、第十七号輸送艦に5インチロケット弾14発を発射したと記載されており、写真左側にはその内の3発が写っている。

第1次攻撃隊として発艦した第17爆撃飛行隊所属のSB2C-3艦上爆撃機の後席から撮影された第十七号輸送艦。同飛行隊は各機250ポンド通常爆弾と500ポンド通常爆弾を2発ずつ計4発搭載しており、3機が第十七号輸送艦に対して急降下爆撃を実施した。

第1次攻撃隊として発艦した第17雷撃飛行隊の1小隊4番機であったストリックランド少尉操縦のTBM-3艦上攻撃機の後席から撮影された、爆撃を受ける第十七号輸送艦。出撃した第17雷撃飛行隊8機のうち、ストリックランド少尉機のみが同艦を爆撃した。

ストリックランド少尉機の爆撃を受けた第十七号輸送艦。第17雷撃飛行隊の戦闘報告書には、ストリックランド少尉機が投下した500ポンド通常爆弾4発のうち、1発が命中して同艦から発煙させたと記載されている。

第1次攻撃隊として発艦した第17雷撃飛行隊所属のTBM-3艦上攻撃機の後席から撮影された、第百四十五号輸送艦、もしくは第百四十六号輸送艦への爆撃。同飛行隊8機のうち、5機が二等輸送艦への爆撃を行い、500ポンド通常爆弾3発の命中を報告している。

第1次攻撃隊のTBM-3艦上攻撃機の後席から撮影された第十七号駆潜艇、もしくは第四十九号駆潜艇。第1次攻撃隊は輸送艦3隻と第百八十六号海防艦に攻撃を集中したため、駆潜艇は攻撃を免れた。艦上から上がっている白煙は対空射撃によるものと思われる。

TBM-3艦上攻撃機の後席から撮影された爆撃を受ける二等輸送艦。この日の攻撃で撃沈を免れた第百四十六号輸送艦と第十七号駆潜艇は、4月28日に第二次大島輸送隊として再度佐世保から奄美大島へ向かうが、その途上で米潜の雷撃によって両艦とも撃沈された。

第2次攻撃隊として発艦した第17戦闘爆撃飛行隊所属のF6F-5艦上戦闘機による第十七号輸送艦への5インチロケット弾攻撃。同艦は午前中の攻撃によって損傷し煙を上げており、第2次攻撃隊40機のうち、15機の攻撃を受けて沈没した。

「ベニントン」飛行隊の空戦

**1945.4.6.
伊江島沖**

　1945年（昭和20年）4月6日、沖縄本島攻略作戦支援のため沖縄本島東方海域を遊弋中であった第58.1任務群では、終日沖縄本島周辺空域に戦闘飛行隊及び戦闘爆撃飛行隊を発艦させ、戦闘空中哨戒を実施していた。同任務群は12時頃より南九州の航空基地を発進した日本海軍の特攻機の攻撃を受けた。しかし、同任務群上空の戦闘空中哨戒に当たっていた戦闘機隊と各艦艇の対空砲火によって日本軍機の大部分を撃墜し、被った損害は軽空母「サン・ジャシント」が小破するなど軽微なものであった。

　15時13分、空母「ベニントン」からこの日最後の沖縄本島周辺空域における戦闘空中哨戒に当たる、第82戦闘飛行隊所属のF6F-5艦上戦闘機11機と第112海兵戦闘飛行隊所属のF4U-1D艦上戦闘機1機の計12機が発艦を開始した。この編隊は沖縄本島上空に達した時、伊江島北方空域にて空戦が開始されたという無線を聞き、直ちにその空域へと向かい空戦に加わった。

右／伊江島北方空域において第82戦闘飛行隊所属のF6F-5艦上戦闘機による攻撃を受ける固定脚の日本軍機。この日本軍機は両主翼下に爆弾を搭載している点から、第一国分航空基地を発進した九九艦爆であろうと思われる。

左下／薄い煙を吐きつつ緩降下で離脱を図ろうとする単発戦闘機らしき日本軍機。第82戦闘飛行隊は35〜40機の日本軍機と交戦して25機撃墜を報告しており、「4月6日は『七面鳥撃ち』の日として飛行隊の歴史に記録されるであろう」と戦闘報告書に記載されている。

右下／左の写真に写っていた緩降下で離脱を図ろうとする単発戦闘機らしき日本軍機を追って、降下していく第82戦闘飛行隊所属のF6F-5艦上戦闘機。同飛行隊はこの空戦で損害なしに九九艦爆19機、一式戦3機、零戦、四式戦、天山各1機の計25機撃墜を報じている。

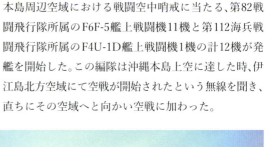

第82戦闘飛行隊所属のF6F-5艦上戦闘機による攻撃を受けて被弾し、発火しつつも飛行を続ける日本軍機。同飛行隊の戦闘報告書には、交戦した日本軍機はその大部分が旧式機であり、防弾は貧弱なため攻撃を受けて容易に炎上したと記載されている。

超低空にて急旋回でF6F-5艦上戦闘機の攻撃を回避する単発の日本軍機。第82戦闘飛行隊は、交戦した日本軍機の大部分が高度約300m、もしくはそれ以下の低高度で北方から空域に進入していたと報告している。

第82戦闘飛行隊所属のF6F-5艦上戦闘機の攻撃を回避しようとする九九艦爆。第82戦闘飛行隊と第112海兵戦闘飛行隊の12機で日本軍機26機を撃墜したと報告しており、いずれの搭乗員も少なくとも1機の撃墜を認められている。

F6F-5艦上戦闘機の攻撃を受ける九九艦爆。第82戦闘飛行隊の戦闘報告書には、日本軍機からの反撃は一切受けなかったと記載されている。しかし、この九九艦爆を見ると後席の風防が開いており、偵察員が7.7mm機銃で反撃を試みようとしていたことが分かる。

超低空で回避行動を取る九九艦爆らしき固定脚機。写真右側にはF6F-5艦上戦闘機の発射した12.7mm機銃弾の弾着による水柱が確認でき、この日本軍機がかなりの超低空を飛行しているのが見て取れる。

「ベニントン」飛行隊の空戦

「サン・ジャシント」飛行隊の空戦

1945.4.6. 沖縄本島沖

　1945年（昭和20年）4月4日9時18分、連合艦隊は麾下の各部隊に対して、翌5日の沖縄本島沖の米艦隊への大規模な航空攻撃を命じた。しかし、同日15時59分には攻撃実施日を6日に繰り下げる旨が通知された。こうして4月6日に、主として沖縄本島西方の米上陸支援艦隊を攻撃目標とする海軍の菊水一号作戦と陸軍の第一次航空総攻撃が決行されることとなった。

　これに対して、沖縄本島攻略作戦に当たっていた米第5艦隊では、4月6日に日本軍による大規模航空攻撃が実施予定であるのを事前に察知していた。そこで、第58任務部隊では通常よりも多くの艦上戦闘機を沖縄本島上空での戦闘空中哨戒に派遣すると共に、第58.3任務群による陸軍徳之島飛行場や海軍喜界島航空基地への攻撃を実施した。

　第58.1任務群所属の軽空母「サン・ジャシント」では、日の出1時間前の5時1分に1直目の戦闘空中哨戒に当たる戦闘機隊の発艦を開始し、以後16時59分までの間に戦闘空中哨戒に当たる戦闘機隊を計5回発艦させた。

「サン・ジャシント」を15時に発艦した4直目の戦闘機隊による迎撃を受ける日本軍機。この日本軍機は米軍艦艇から発射された高角砲弾が炸裂する中を低空で飛行しており、撮影機が正面攻撃のために接近するのを認め、降下して回避しようとしている。

第45戦闘飛行隊所属のF6F-5艦上戦闘機の前方を横切ろうとする零戦らしき単発戦闘機。15時に「サン・ジャシント」を発艦した4直目の戦闘機隊は、F6F-5艦上戦闘機16機によって編成されていた。

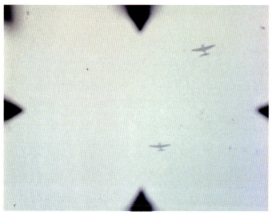

左下／第45戦闘飛行隊所属のF6F-5艦上戦闘機によって攻撃を受ける2機編成の日本軍戦闘機。同飛行隊が沖縄本島上空に到達した時点で日本軍機との空戦は始まっており、8機が駆逐艦「カッシン・ヤング」、残り8機は揚陸支援艦「パナミント」の指揮下に入った。

右下／第45戦闘飛行隊のF6F-5艦上戦闘機による攻撃を急旋回で回避しようとする一式戦。6日に特攻出撃した一式戦の部隊は、第二十二振武隊、第四十三振武隊、第四十四振武隊の計11機であるため、この一式戦はこれら部隊のいずれかに所属していたものと思われる。

海面へ急降下してＦ６Ｆ-５艦上戦闘機の追尾を振り切ろうとする一式戦。この４直目として発艦した編隊は、全くの損害なく日本軍機を24機撃墜し、2機を不確実撃墜したと報告している。

対空砲火によって被弾し、発火しつつも写真右側に写る米艦艇への突入を試みる日本軍機。日本軍機はこの写真が撮影された直後に米艦艇の左舷艦首近くの海面に墜落した。米艦艇は面舵を取って突入してくる特攻機を回避しようとしている。

超低空を飛行する固定脚の日本軍単発機。6日に特攻出撃した固定脚の日本軍機は、海軍の九九艦爆と陸軍の九八直協、九九襲撃のみである。第45戦闘飛行隊では、九九艦爆と識別した機体を計7.5機撃墜したと報告している。

低空飛行する固定脚の日本軍単発機の背後から攻撃を加えるＦ６Ｆ-５艦上戦闘機の2機編隊。写真右側に写っているＦ６Ｆ-５艦上戦闘機の発射した12.7mm機銃の焼夷弾が日本軍機に命中して閃光を発した瞬間を捉えている。

第58.1任務群の第一遊撃部隊攻撃

**1945.4.7.
坊ノ岬沖**

　1945年（昭和20年）4月6日15時20分、戦艦「大和」を旗艦とする第一遊撃部隊は停泊していた山口県の徳山沖を出撃し、海上特攻隊として沖縄本島西岸で作戦行動中の米上陸支援艦隊を攻撃すべく一路沖縄へと向かった。

　この第一遊撃部隊の出撃を察知した米海軍では、翌7日早朝より第58任務部隊所属の各空母から索敵機を発進させ、同部隊の捕捉に努めていた。8時15分、第58.3任務群所属の空母「エセックス」を発艦した第83戦闘飛行隊の1コ小隊が第一遊撃部隊を発見した。この報告を受けた第58任務部隊では、10時過ぎより順次攻撃隊の発艦を開始した。

　10時10分頃、空母2隻、軽空母2隻からなる第58.1任務群よりF6F-5艦上戦闘機37機、F4U-1D艦上戦闘機1機、SB2C-4艦上爆撃機25機、TBM-3艦上攻撃機38機の計101機で編成された攻撃隊が発艦を開始した。この攻撃隊は12時40分頃に第一遊撃部隊上空へ到達し、最初の攻撃を開始した。

写真中央左に見える2つの光点は、第二水雷戦隊の駆逐艦が発砲した際の閃光である。全艦艇が「大和」を中心とした輪形陣を維持しつつ左へ一斉回頭中であることから、12時40分頃の撮影と思われる。

写真中央右で僅かに判別できる光点は、「大和」が副砲を発砲した際の閃光である。12時40分頃に来襲した米艦上機に対する対空戦闘が始まった直後であり、写真上側の第一遊撃部隊上空には対空砲弾の炸裂による黒い点がいくつも確認できる。

写真中央左に見える光点は、「大和」が副砲を発砲した際の閃光と思われる。これら一連の写真は、第58.1任務群を発艦したSB2C、もしくはTBMの後席から撮影されたものである。「大和」は集中攻撃を受けて水煙に覆われてしまっており、その艦影を確認できない。

写真中央左で水煙に包まれながら左に回頭中なのが「大和」である。米軍の戦闘報告書には、高度約2,000m前後で雲量10/10、高度約600mで雲量7/10であったと記載されており、写真に写る光景はまさにその様な曇天の空模様をカラーで映し出している。

第58.1任務群の空母「ベニントン」所属の第82戦闘飛行隊による駆逐艦「冬月」、もしくは「涼月」への機銃掃射。これら一連の写真は、当日の天候が影響しているのかいずれも薄暗く、薄っすらと霞が掛かっているように見える。

「冬月」、もしくは「涼月」の艦後部に装備された砲塔が発砲した際の閃光。第82戦闘飛行隊ではＦ６Ｆ-５艦上戦闘機6機が出撃しており、うち4機には1,000ポンド通常爆弾1発が搭載されていた。

第82戦闘飛行隊所属のＦ６Ｆ-５艦上戦闘機による「冬月」、もしくは「涼月」への機銃掃射。撮影機から発射された12.7mm機銃の焼夷弾が駆逐艦の後部船体に命中して閃光を発しているのが確認できる。

「冬月」、もしくは「涼月」の前部砲塔が発砲した際の閃光。一連の映像では、艦前部で4つの閃光が確認できるため、艦前部に連装砲塔が2基あった秋月型駆逐艦の「冬月」、もしくは「涼月」であろうと判断した。

被弾によって船体中央部から白煙を噴出させて航行不能となっている駆逐艦「浜風」。第82戦闘飛行隊は2機ずつの3コ分隊に分かれて「大和」を護衛中の駆逐艦5隻を攻撃し、それらを撃破したと報告している。

第82戦闘飛行隊所属のＦ６Ｆ-５艦上戦闘機による「浜風」への機銃掃射。撮影機の発射した12.7mm機銃の焼夷弾が艦首付近に命中して閃光を発している。

第七二一海軍航空隊の「ミズーリ」攻撃

**1945.4.11.
喜界島沖**

　1945年（昭和20年）4月11日、前日に南大東島の南東海上で洋上補給を終えた第58.4任務群は、喜界島南方の海域を遊弋しつつ戦闘飛行隊と戦闘爆撃飛行隊を発艦させて沖縄本島上空での戦闘空中哨戒と奄美大島周辺での戦闘機掃討を行っていた。

　これに対して、第五航空艦隊では4月6日から7日にかけて菊水一号作戦を実施したものの、8日から10日まで天候不良が続いたため、米機動部隊及び上陸艦隊に対する継続した航空攻撃を実施できずにいた。11日になってようやく天候が回復したため、鹿屋航空基地に展開していた第八〇一海軍航空隊偵察第十一飛行隊では、7時頃から計6機の彩雲を発進させて沖縄方面での索敵を実施した。

　9時30分、2番索敵線を飛行していた彩雲が喜界島南方70浬付近で空母3隻からなる米機動部隊を発見したと報じた。それを受けて第五航空艦隊は、第二一〇海軍航空隊と第二五二海軍航空隊、第六〇一海軍航空隊、第七二一海軍航空隊に対して全力での特攻攻撃を命じた。

14時42分、第58.4任務群の輪形陣を構成していた駆逐艦が超低空で同任務群へ接近してくる単発機1機を視認し、対空射撃を開始した。写真中央部に写り込んでいる駆逐艦の艦首上に見える小さな黒点がその日本軍機である。

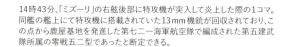

14時43分、「ミズーリ」の右舷後部に特攻機が突入して炎上した際の1コマ。同艦の艦上にて特攻機に搭載されていた13mm機銃が回収されており、この点から鹿屋基地を発進した第七二一海軍航空隊で編成された第五建武隊所属の零戦五二型であったと断定できる。

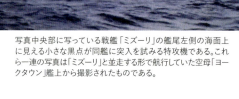

写真中央部に写っている戦艦「ミズーリ」の艦尾左側の海面上に見える小さな黒点が同艦に突入を試みる特攻機である。これら一連の写真は「ミズーリ」と並走する形で航行していた空母「ヨークタウン」艦上から撮影されたものである。

「ミズーリ」の零戦が突入した箇所からは黒煙が高く立ち昇ろうとしている。第五建武隊所属機のうち、14時42分前後に突入電を打電した機体は石野節夫二飛曹機のみである。そのため、突入した零戦を操縦していたのは石野二飛曹であった可能性がある。

空母「イントレピッド」艦上から撮影された「ミズーリ」へ接近する第五建武隊所属機。写真中央部に写り込んでいる駆逐艦のメインマスト左側に見える小さな黒点が零戦である。「ミズーリ」の戦闘報告書には、高度約30mで接近して来たと記載されている。

高角砲弾の炸裂を巧みに回避しながら「ミズーリ」へ突入を試みる第五建武隊所属機。写真中央右側に写り込んでいる駆逐艦の艦尾上に見える小さな黒点が零戦である。駆逐艦や「ミズーリ」の艦上にて5インチ砲の発砲に伴う閃光が確認できる。

第五建武隊所属の零戦が「ミズーリ」に突入する直前の1コマ。同艦の右舷至近に水柱が上がっており、おそらくは零戦が突入寸前に搭載していた500kg爆弾を投下して着弾した際にできたものと思われる。なお、投下された爆弾は不発であったようだ。

第五建武隊所属の零戦が「ミズーリ」の右舷後部に突入したため、同艦の艦上から黒煙が立ち上っている。この対空戦闘にて「ミズーリ」は5インチ砲弾78発、40mm機銃弾232発、20mm機銃弾383発を発射したと戦闘報告書に記載されている。

第七二一海軍航空隊の「ミズーリ」攻撃

九九艦爆 VS F6F-5

1945.4.12. 沖縄本島沖

　1945年（昭和20年）4月12日、第58任務部隊所属の4コ任務群は沖縄本島東方の海域を遊弋しつつ戦闘飛行隊と戦闘爆撃飛行隊を発艦させて沖縄本島上空での戦闘空中哨戒を実施し、他方では徳之島と喜界島の航空基地に対する戦闘機掃討を行っていた。この日、日本軍による大規模な航空攻撃が予想されていたため、各空母では出撃予定のない艦上爆撃機と艦上攻撃機から燃料を抜き取るという被害軽減対策を実施していた。

　これに対して、第五航空艦隊では4月8日から続いた天候不良が11日に回復する見込みであったため、4月12日に菊水二号作戦を実施する旨を10日に関係部署へ通知していた。

　4月12日11時30分から11時50分にかけて第一国分航空基地から第十航空艦隊所属の九九艦爆20機が4機編成の小隊毎に発進を開始した。これらの九九艦爆は、宇佐海軍航空隊と名古屋海軍航空隊、第九五一海軍航空隊の所属機によって編成された特攻隊であり、沖縄本島西方の嘉手納泊地在泊の輸送船が攻撃目標であった。

13時52分、軽空母「ベロー・ウッド」を発艦した第30戦闘飛行隊所属のF6F-5艦上戦闘機4機は粟国島周辺で戦闘空中哨戒を行っていた。15時、この小隊は嘉手納泊地へ向かって飛行する九九艦爆4機を発見し、直ちに攻撃を加えた。

第30戦闘飛行隊のマカリスター予備少尉機の攻撃を受ける第二八幡護皇隊艦爆隊所属の九九艦爆。第六〇一海軍航空隊の戦闘詳報には、この日出撃した九九艦爆の爆装が250kg爆弾1発と60kg爆弾2発であったと記載されており、この写真からもそれが確認できる。

マカリスター予備少尉機の攻撃を緩降下で回避する九九艦爆。第30戦闘飛行隊の戦闘報告書には、交戦した九九艦爆は偵察員席に搭乗員が乗っていなかったと記載されている。これは、小隊長機のみ偵察員が搭乗していた第二八幡護皇隊艦爆隊所属機の特徴であった。

11時45分、空母「ヨークタウン」を発艦した第9戦闘飛行隊所属のF6F-5艦上戦闘機4機は徳之島周辺で戦闘空中哨戒を行っていた。15時45分、与路島沖に不時着水した小隊長機の上空掩護を行っていたところ、南下してくる九九艦爆1機を発見した。

搭載していた爆弾を投棄した上で離脱を図ろうとする九九艦爆。第六〇一海軍航空隊の戦闘詳報には、特攻機の発進時刻を11時30分から11時50分にかけてと記載している。そのため、この九九艦爆は何らかの理由で発進が遅れたものと思われる。

左下／第9戦闘飛行隊所属のF6F-5艦上戦闘機3機による攻撃を超低空に降りて回避しようとする九九艦爆。第9戦闘飛行隊の戦闘報告書の記載内容から、この写真とそれに続くカットは2番機のアイザックソン少尉機が撮影したものと思われる。

右下／機首を与路島に向けて海面上を這うように避退する九九艦爆。写真中央下に見える2つの光点は、九九艦爆の偵察員席から追尾するF6F-5艦上戦闘機に発射された7.7mm機銃の曳痕弾である。偵察員が乗っている点から、この機体は小隊長機であった可能性が高い。

F6F-5艦上戦闘機による攻撃を受けて被弾し、機体から白煙を吐きながらも超低空飛行で避退を続ける九九艦爆。第9戦闘飛行隊の戦闘報告書には、アイザックソン少尉機の攻撃を受けた九九艦爆は炎上して与路島南西端の崖に墜落したと記載されている。

九九艦爆 VS F6F-5

九九艦爆・一式陸攻・銀河 VS F6F-5

1945.4.16. 沖縄本島沖

1945年(昭和20年)4月15日午前、第58任務部隊は南九州の航空基地に多数の日本軍機が集結中であるのを確認した。そこで、第58任務部隊所属で作戦可能な任務群へ沖縄本島における全ての支援任務を打ち切り、15日午後と16日午前に南九州の主要な航空基地に対する長距離戦闘機掃討を命じた。

4月16日、前日に南大東島の南東海域で洋上補給を済ませた第58.4任務群は、沖縄本島周辺における戦闘空中哨戒と九州南部への戦闘機掃討を実施するため、喜界島の南東海域まで北上してきた。

これに対して、第五航空艦隊では4月16日に菊水三号作戦を実施する旨を14日に関係部署へ通知していた。今回の作戦は、米軍が使用を開始した沖縄北及び沖縄中飛行場を航空攻撃で制圧し、かつ戦闘機の全力を投入して一時的に沖縄本島周辺における制空権を確保した上で大規模な特攻攻撃を行うという計画であった。

4月16日8時15分、空母「ヨークタウン」から第9戦闘爆撃飛行隊所属のF6F-5艦上戦闘機12機が発艦を開始し、沖縄本島周辺での戦闘空中哨戒に向かった。

9時、伊是名島の北方約80km地点において第9戦闘爆撃飛行隊所属のF6F-5艦上戦闘機による攻撃を受ける第三八幡護皇隊艦爆隊所属の九九艦爆。写真中の無数の白い光点は、F6F-5艦上戦闘機やこの九九艦爆が目標としている駆逐艦から発射された曳光弾である。

九九艦爆の真後ろに占位したF6F-5艦上戦闘機による攻撃。九九艦爆の胴体下には250kg爆弾1発、両翼下には60kg爆弾各1発が搭載されているのが確認できる。九九艦爆の左主翼越しに見える白い筋は、九九艦爆が目標とした米駆逐艦の航跡である。

9時25分、伊是名島北方約80kmの地点において第9戦闘爆撃飛行隊所属のF6F-5艦上戦闘機による攻撃を受ける第五神風桜花特別攻撃隊所属の一式陸攻。この一式陸攻はF6F-5艦上戦闘機の攻撃を回避するため、桜花を搭載したままの状態で右に急旋回している。

一式陸攻が搭載していた桜花を投棄した際の1コマ。写真右上に写っている一式陸攻の機体下部に見える小さな黒点が桜花である。第9戦闘爆撃飛行隊の戦闘報告書には、桜花が爆弾のような軌道を描きつつ海面に激突して大爆発を起こしたと記載されている。

左上／被弾して右主翼から白煙を吐きつつ右旋回で海面上へ降下する一式陸攻。この空戦には、第9戦闘爆撃飛行隊以外にも「イントレピッド」所属の第10戦闘飛行隊など計4コ飛行隊が加わっており、20機以上の米艦上戦闘機がこの1機の一式陸攻を追尾していた。

上／左エンジン付近から発火しつつも超低空で避退する一式陸攻。一式陸攻を追尾する米艦上戦闘機の発射した12.7mm機銃弾が同機後方の海面に着弾して多数の水柱を立てている。写真の中に見える小さな光点は、米艦上戦闘機が発射した12.7mm機銃の曳光弾である。

海上に不時着水した一式陸攻から脱出した搭乗員への機銃掃射。第10戦闘飛行隊の戦闘報告書には、不時着水した一式陸攻から搭乗員3名が脱出したのを確認したものの、着水地点が日本軍の支配する島の近くであったため、機銃掃射を加えたと記載されている。

11時15分、「ヨークタウン」から第9戦闘爆撃飛行隊所属のF6F-5艦上戦闘機12機が発艦し、第58.4任務群上空での戦闘空中哨戒を開始した。13時30分、「ヨークタウン」から北東に約100km離れた地点にて、同飛行隊は第六銀河隊所属の銀河2機を捕捉した。

左エンジンから発火し、左翼からも白煙を吐きつつ飛行する第六銀河隊所属の銀河。第9戦闘爆撃飛行隊の戦闘報告書には、2機の銀河は全く回避機動を取らず、銃座からの反撃も確認されないまま撃墜されたと記載されている。

「ベニントン」飛行隊の南九州攻撃

**1945.4.16.
南九州**

　1945年（昭和20年）4月15日午前、第58任務部隊は直ちに作戦行動可能な同任務部隊所属の3コ任務群に対し、沖縄本島における全ての支援任務を打ち切り、15日午後と16日午前に南九州の主要な航空基地へ長距離戦闘機掃討を実施するように命じた。これは、翌16日に実施予定であった日本海軍による菊水三号作戦の兆候を事前に把握したためであった。そして、13時20分頃から戦闘機掃討隊として艦上戦闘機122機が発艦を開始し、これらの編隊は主として鹿屋、笠ノ原、串良の各航空基地を攻撃した。

　4月16日、第58任務部隊所属で作戦行動可能な3コ任務群は、全艦上戦闘機による沖縄本島周辺での戦闘空中哨戒と南九州の航空基地に対する長距離戦闘機掃討が命じられた。8時20分頃、第58.1任務群の戦闘機掃討隊として空母「ホーネット」からF6F-5艦上戦闘機16機、空母「ベニントン」からF6F-5艦上戦闘機8機とF4U-1D艦上戦闘機12機の計36機が発艦を開始し、攻撃目標の鹿屋航空基地へ向かった。

「ベニントン」所属の第82戦闘飛行隊のF6F-5艦上戦闘機による鹿屋航空基地への攻撃。鹿屋航空基地を攻撃した「ベニントン」所属の第82戦闘飛行隊と第112海兵戦闘飛行隊はともに同基地にて少なくとも150機の航空機を視認したと報告している。

第82戦闘飛行隊のF6F-5艦上戦闘機による鹿屋航空基地の格納庫群に対する急降下爆撃時に撮影された1コマ。写真右下に写っている格納庫の屋根は、これまでの攻撃によって一部が破壊されている。格納庫前のエプロンには零式輸送機らしき双発機が駐機されている。

鹿屋航空基地の周辺に設営された無蓋掩体内に駐機されている一式陸攻らしき双発機への機銃掃射。第82戦闘飛行隊のF6F-5艦上戦闘機8機は鹿屋航空基地で各機2航過の攻撃を行って、単発機3機を地上撃破し、2機に損傷を与えたと報告している。

第82戦闘飛行隊のR・B・ドルトン大尉機が鹿屋航空基地への攻撃時に発見した脚を下ろして着陸旋回中と思われる零戦。この時、沖縄方面の制空に出撃していた第二〇三海軍航空隊所属の零戦が笠ノ原航空基地の上空に帰り着いたところであった。

ドルトン大尉機の攻撃を回避する零戦。同大尉は零戦に1連射を加えて撃墜したと報告しているが、映像では1発も当たっていない。この零戦は増槽を付けたままであり、小隊長機の白線が描かれていることから速水経康大尉機と思われる。

第82戦闘飛行隊のF6F-5艦上戦闘機による種子島航空基地の無蓋掩体休地区に対する5インチロケット弾攻撃。同飛行隊は主要攻撃目標であった鹿屋航空基地を攻撃後、志布志航空基地（未完成）と種子島航空基地を攻撃して母艦へ帰投した。

種子島航空基地の無蓋掩体内に駐機された単発機への機銃掃射。第82戦闘飛行隊の戦闘報告書には、F6F-5艦上戦闘機8機が各機1航過の機銃掃射を行って3機に損傷を与えたと記載されている。

「ベニントン」飛行隊の南九州攻撃

「ヨークタウン」飛行隊の空戦

1945.4.17. 奄美大島沖

　1945年（昭和20年）4月17日未明、沖縄本島東方海域で作戦行動中の第58任務部隊は、第58.2任務群を解消して各艦艇を他の3コ任務群に編入させる再編成を行った。その後、第58.1任務群は洋上補給地点へと向かい、第58.3任務群は沖縄本島における支援任務を再開した。第58.4任務群では、前日に特攻機の攻撃によって損傷を受けた空母「イントレピッド」が戦線離脱を余儀なくされた影響で、正規空母1隻、軽空母2隻を中心とする編成となってしまった。この航空戦力の低下した同任務群が17日に与えられた任務は、第58任務部隊と沖縄本島周辺における戦闘空中哨戒であった。

　8時17分、第58.4任務群の旗艦である空母「ヨークタウン」のレーダーが方位345度、距離約125kmで日本軍機の大編隊を捉えた。そして、同艦の戦闘機誘導士官は、第58.4任務群の北方で戦闘空中哨戒に当たっていた第9戦闘飛行隊所属のF6F-5艦上戦闘機8機に日本軍機の迎撃を命じた。8時30分、編隊長であるバレンシア大尉は「ヨークタウン」から約100kmの地点にて日本軍機の編隊を発見し、直ちに攻撃を開始した。

第9戦闘飛行隊所属のF6F-5艦上戦闘機の攻撃を受けて2機編隊を維持したまま左旋回で回避機動を取る第二〇三海軍航空隊、もしくは第二五二海軍航空隊所属の零戦五二型。この日、第五航空艦隊は奄美大島南方海域の米機動部隊に対する索敵攻撃を発令していた。

2機編隊の零戦の2番機への攻撃。1番機は急旋回で撮影機の攻撃を回避したため、それに追随できなかった2番機に攻撃の矛先を向けた。しかし、照準を合わせることができず、発射した12.7mm機銃弾は1発も命中しなかった。

F6F-5艦上戦闘機の発射した12.7mm機銃の焼夷弾が四式戦らしき日本軍機の左主翼に命中して閃光を発している。日米双方の記録から、第9戦闘飛行隊が交戦したのは第百飛行団所属の四式戦と第二〇三海軍航空隊、もしくは第二五二海軍航空隊所属の零戦であったと考えられる。

撮影機の攻撃を逃れようとする日本軍機とその前を横切るF6F-5艦上戦闘機。第9戦闘飛行隊の戦闘報告書には、この空戦で17機撃墜、4機不確実撃墜、1機撃破の戦果を挙げたと記載されている。なお、バレンシア大尉は6機を撃墜してAce in a dayとなった。

「ランドルフ」の対空戦闘

1945.4.17. 沖縄本島沖

　1945年（昭和20年）4月5日、空母「ランドルフ」と「エンタープライズ」を基幹とする第58.2任務群は沖縄本島攻略作戦を支援するため、ウルシー環礁を出撃した。同任務群は、4月7日に沖縄本島東方海域で他の任務群から艦艇を編入し、陣容を整えた上で翌8日から沖縄本島周辺における航空支援を開始した。4月17日未明、第58.2任務群は再編成のために解消され、「ランドルフ」は新たに第58.3任務群所属となった。

　第五航空艦隊では、17日黎明から早朝にかけての米機動部隊攻撃を企図していた。夜間索敵機は電探で大部隊を探知したものの、黎明前に発進させた索敵機は米機動部隊を発見できなかった。そこで、米機動部隊が遊弋中と判断される沖縄本島北端の東方約70浬付近を中心とする海域への索敵攻撃が命じられ、7時頃に南九州の航空基地から制空隊及び特攻隊の発進が開始された。

9時26分、第58.3任務群の上空に現れた特攻機3機に対して、同任務群所属の艦艇は激烈な対空射撃を浴びせた。その内の1機に対空砲火が命中し、機体は空中で爆発した。その際の衝撃で搭乗員は機外に投げ出された。

対空砲火の直撃で空中分解して落下する彗星四三型と落下傘降下する搭乗員。写真中央左下に写っている白いものは、搭乗員が機外へ放り出された際に自動で開傘したと見られる落下傘である。

海面に着水直前の園部上飛曹。10時25分、彼は第58.3任務群の輪形陣中央部を漂流中、駆逐艦「ティンシー」(DD-539)に救助され、尋問時に「ソノベ ケンイチ」と名乗った。その後、13時40分にはさらなる尋問のために空母「バンカー・ヒル」へと移された。

落下傘降下してくる特攻機の搭乗員。この搭乗員は日米双方の記録から、第二五二海軍航空隊攻撃第三飛行隊所属で7時頃に第一国分航空基地を発進し、9時25分に突入電を打電した園部勇上飛曹(甲飛8期、宇佐海軍航空隊にて艦爆操縦教程卒)と見て大過ないと思われる。

紫電二一型 VS F6F-5

1945.5.4. 喜界島沖

1945年（昭和20年）5月4日、第58.3任務群と第58.4任務群は早朝から沖縄本島周辺における航空支援と奄美大島周辺での戦闘空中哨戒を開始した。6時42分、第58.3任務群の空母「ランドルフ」から奄美大島～喜界島間の戦闘空中哨戒を命じられた第12戦闘爆撃飛行隊所属のF6F-5艦上戦闘機12機が発艦を開始した。7時45分に喜界島上空へ達した同隊は喜界島の施設を攻撃後、4機編隊の小隊毎に分かれて喜界島周辺での戦闘空中哨戒を開始した。8時、そのうちの1コ小隊が後上方の太陽の中から現れた日本軍機によって攻撃を受けた。

5月3日、沖縄本島守備の第三十二軍による攻勢に呼応する形で菊水五号作戦が開始された。翌4日の黎明より日本海軍は九州及び台湾に展開する航空部隊の全力をもって沖縄本島周辺海域の連合軍艦船に対する攻撃を実施した。5月4日5時30分過ぎ、大村航空基地に展開していた第三四三海軍航空隊から紫電二一型36機が喜界島方面の制空任務のため発進を開始した。

第12戦闘爆撃飛行隊所属のF6F-5艦上戦闘機に搭載されたガンカメラによって撮影された左旋回を行って攻撃を回避しようとする第三四三海軍航空隊所属の紫電二一型。空戦中の紫電二一型を鮮明に捉えている。

雲1つない澄み切った青空を背景に回避機動を取る紫電二一型。第12戦闘爆撃飛行隊の戦闘報告書には、交戦した敵機について四式戦10機と零戦5機の計15機であったと記載されている。

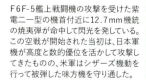

F6F-5艦上戦闘機の攻撃を受けた紫電二一型の機首付近に12.7mm機銃の焼夷弾が命中して閃光を発している。この空戦が開始された当初は、日本軍機が高度と数的優位を活かして攻撃してきたものの、米軍はシザーズ機動を行って被弾した味方機を守り通した。

左上／紫電二一型の機首付近に続いて右主翼の燃料タンクにも12.7mm機銃弾が命中して炎を上げた際の1コマ。第12戦闘爆撃飛行隊の搭乗員には最新の対ブラックアウトスーツが支給されており、空戦にてこれまで不可能であった機動を比較的容易にしたと報告されている。

右上／この紫電二一型は右主翼の燃料タンクへの被弾によって発火したものの、燃料タンクに防弾ゴムと自動消火装置が付けられていたため、写真に写っているように発生した火災を抑えることができた。

右／右主翼からの発火を完全に消火することはできなかったものの、緩降下で空戦域から離脱を図ろうとする紫電二一型。写真右端には同機の追尾を諦めて引き起こしを図るF6F-5艦上戦闘機が写り込んでいる。

増槽を付けたまま飛行する紫電二一型。おそらく増槽の投下機構が故障しているものと思われる。この空戦は紫電二一型36機とF6F-5艦上戦闘機16機で行われ、日米双方の損害は日本側が6機未帰還だったのに対して、米軍側は4機被弾であった。

増槽を投棄できないままF6F-5艦上戦闘機の攻撃を受けて被弾し、煙を吐きつつ降下して空戦域から離脱を図ろうとする紫電二一型。この空戦における日米双方の戦果報告は、日本側が撃墜13機、米軍側は撃墜12機、不確実撃墜2機であった。

「ランドルフ」飛行隊の空戦

**1945.5.7./14.
沖縄本島沖、姫島沖**

　1945年（昭和20年）5月7日早朝、第58.3任務群は沖縄本島周辺における航空支援と奄美大島周辺における戦闘空中哨戒を開始した。7時58分、空母「ランドルフ」を発艦した第12戦闘爆撃飛行隊所属のF6F-5艦上戦闘機4機は、沖縄本島上空での戦闘空中哨戒を終えて帰投途上であった。11時頃、同飛行隊は「ランドルフ」から無線で迎撃に向かうように命じられた。その後、高度約1,500mを単機で飛行する銀河1機を発見し、直ちに攻撃を開始した。

　5月13日から14日にかけて第58.1任務群と第58.3任務群は、主として九州各地の航空基地に対する全力攻撃を実施した。14日5時26分、「ランドルフ」を発艦した第12戦闘飛行隊所属のF6F-5艦上戦闘機8機は他の飛行隊と編隊を組んで宇佐航空基地の攻撃に向かった。宇佐航空基地への攻撃終了後、同航空基地の東方にて百式司偵1機を発見し、直ちに攻撃を開始した。

5月7日の銀河攻撃時に撮影された一連の映像は、第12戦闘爆撃飛行隊所属のR・W・ドリューロー予備大尉機に装備されたガンカメラによって記録されたものである。銀河は超低空まで降下し、F6F-5艦上戦闘機の追尾を振り切ろうとしている。

ドリューロー予備大尉機は銀河の4時方向から接近しつつ射撃を開始し、銀河の背後を取るように機動した。それに対して、銀河は海面近くにまで降下しつつ緩い右旋回で回避に努めようとしている。

ドリューロー予備大尉機から発射された12.7mm機銃の焼夷弾が銀河の左主翼に命中して閃光を発している。銀河に命中しなかった12.7mm機銃弾が海面に当たって水柱を上げていることから、かなりの低高度を飛行していることが分かる。

被弾によって左エンジンから発火し、油圧の低下により右主脚の下りた銀河。この直後、銀河は右に傾いたまま海面へ墜落したと戦闘報告書に記載されている。なお、第三次丹作戦のため鹿屋航空基地を発進した攻撃第四〇五飛行隊の銀河1機が未帰還となっている。

5月14日10時、宇佐航空基地への攻撃時に対空砲火で被弾したSB2C-4E艦上爆撃機1機が姫島沖の瀬戸内海に不時着水した。そこで、第12戦闘飛行隊は救難機が来るまで上空に留まっていたところ、東へ飛行する百式司偵1機を発見し、直ちに攻撃を開始した。

第12戦闘飛行隊所属のF・H・ミカエリス少佐機とL・E・ファース予備少尉機によって攻撃を受ける百式司偵らしき双発機。既に被弾しており、右エンジンから発煙している。胴体下には増槽らしきものが懸吊されているのが確認できる。

F6F-5艦上戦闘機が百式司偵に最接近した際の1コマ。海軍機の濃緑色とは異なる色に塗装されており、一目で陸軍機と判別できる。第12戦闘飛行隊の戦闘報告書には、この百式司偵が250kg爆弾2発を懸吊していたものの、空戦の途中で投棄したと記載されている。

胴体下に懸吊していた増槽らしきものを投棄した百式司偵。第12戦闘飛行隊の戦闘報告書には、百式司偵が回避行動を取らないまま撃墜されたと記録されている。8時55分に司偵振武隊所属機が陸軍蓆田飛行場を発進しており、その所属機かもしれない。

「ベニントン」飛行隊の南九州攻撃

**1945.5.13.
南九州**

1945年（昭和20年）5月9日、空母「ホーネット」を旗艦とする第58.1任務群がウルシー環礁を出撃して沖縄本島攻略作戦の支援に向かった。同任務群は補給と休養のため4月30日にウルシー環礁へ帰投しており、第58.4任務群と交替するための再出撃であった。

5月11日、菊水六号作戦にて第58任務部隊の旗艦である空母「バンカー・ヒル」に特攻機2機が突入し、同艦を戦線離脱に追い込んだ。これに対し、第58任務部隊では特攻機の出撃基地を制圧するため、13日から14日にかけて九州及び四国に所在する航空基地への全力攻撃が実施された。

5月13日5時頃、第58.1任務群所属の空母4隻から主として鹿児島県内と都城地区の飛行場を攻撃目標とした第1次攻撃隊が発艦を開始した。同任務群所属の空母「ベニントン」では、8時20分頃に知覧飛行場を攻撃目標とする第3次攻撃隊が発艦を開始し、13時35分頃に都城地区の飛行場を攻撃目標とする第6次攻撃隊が発艦を開始した。

8時19分に「ベニントン」から第3次攻撃隊として発艦した第82戦闘飛行隊所属のF6F-5艦上戦闘機による陸軍知覧飛行場への5インチロケット弾攻撃。同飛行隊は1航過目に対空陣地を攻撃し、2航過目に駐機された航空機へロケット弾攻撃を行ったと報告している。

第82戦闘飛行隊のF6F-5艦上戦闘機による陸軍知覧飛行場へのロケット弾攻撃。写真右側に写っている先行機は、5インチロケット弾4発を発射した直後である。同飛行場は何度も攻撃を受けており、先行機越しに基礎部分を残して破壊された格納庫跡が確認できる。

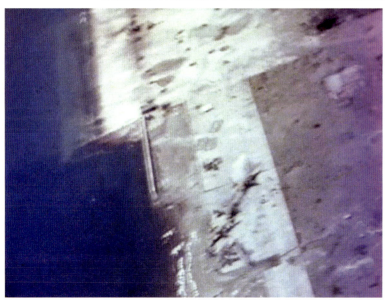

第3次攻撃隊の第82戦闘飛行隊による指宿水上機基地への機銃掃射。撮影機は写真中央部に写る水上機の残骸を機銃掃射している。同飛行隊と共に攻撃を行った第123海兵戦闘飛行隊の戦闘報告書には、激しく損傷した二式大艇4機を機銃掃射したと記載されている。

左上／13時35分に「ベニントン」から第6次攻撃隊として発艦した第82戦闘飛行隊所属のF6F-5艦上戦闘機による陸軍都城東飛行場への5インチロケット弾攻撃。同飛行隊の戦闘報告書には、都城東飛行場への攻撃で撃破1機、損傷3機の戦果を挙げたと記載されている。

右上／第82戦闘飛行隊のF6F-5艦上戦闘機による都城東飛行場内に駐機された航空機への5インチロケット弾攻撃。この第6次攻撃隊は、第82戦闘飛行隊所属のF6F-5艦上戦闘機8機と第123海兵戦闘飛行隊所属のF4U-1D艦上戦闘機8機によって編成されていた。

左／第82戦闘飛行隊所属のF6F-5艦上戦闘機による陸軍都城東飛行場の掩体地区に対する5インチロケット弾攻撃。写真中央部には木造と思われる有蓋付きの航空機用掩体が2基確認できる。

第6次攻撃隊による現日南市南郷町にあった九州造船株式会社外浦造船所への機銃掃射。船台上で建造中の250総トンの戦時標準型木造油槽船に12.7mm機銃の焼夷弾が命中して閃光を発している。

第82戦闘飛行隊所属のF6F-5艦上戦闘機による外浦造船所への機銃掃射。同造船所は250総トンの戦時標準型木造油槽船の建造用に設置されたものであり、宮崎県下最大の木造船専用の造船所でもあった。

「ランドルフ」飛行隊の熊本攻撃

1945.5.13.〜14. 熊本

　1945年（昭和20年）5月12日午後、沖縄本島東方海域で作戦行動中の第58.1任務群と第58.3任務群は九州南東沖へ北上し、明朝より九州及び四国に所在する航空基地への全力攻撃を命じられた。この任務は、4月17日から5月11日まで実施されたB-29爆撃機による九州及び四国西部の航空基地への爆撃が特攻機の出撃機数減殺に目覚ましい成果を挙げておらず、さらには11日に第58任務部隊の旗艦である空母「バンカー・ヒル」が特攻機によって撃破されたことから、立案されたものであった。

　5月13日4時45分頃、第58.3任務群所属の空母2隻から主として北部九州の航空基地を攻撃目標とした第1次攻撃隊が発艦を開始した。同任務群所属の空母「ランドルフ」では、9時11分に熊本県内の航空基地3ヵ所を攻撃目標とした第3次攻撃隊が発艦を開始した。

　翌14日4時45分頃、前日と同様に第58.3任務群の空母2隻から第1次攻撃隊が発艦を開始した。「ランドルフ」では、12時9分に三菱重工業熊本航空機製作所を攻撃目標とした第4次攻撃隊が発艦を開始した。

5月13日9時11分に「ランドルフ」から第3次攻撃隊として発艦した第12戦闘爆撃飛行隊所属のF6F-5艦上戦闘機による陸軍熊本飛行場内に置かれた双発機のように見える囮機へのロケット弾攻撃。

上掲の写真を撮影した機体とは別の機体が撮影した、陸軍熊本飛行場内に置かれた双発機のように見える囮機への機銃掃射。第3次攻撃隊には、陸軍熊本飛行場、陸軍黒石原飛行場、陸軍菊池飛行場が攻撃目標として割り当てられていた。

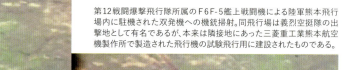

第12戦闘爆撃飛行隊所属のF6F-5艦上戦闘機による陸軍熊本飛行場内に駐機された双発機への機銃掃射。同飛行場は義烈空挺隊の出撃地として有名であるが、本来は隣接地にあった三菱重工業熊本航空機製作所で製造された飛行機の試験飛行用に建設されたものである。

第12戦闘爆撃飛行隊所属のF6F-5艦上戦闘機による双発機のように見える囮機へのロケット弾。第3次攻撃隊はF6F-5艦上戦闘機15機で編成されており、8機が260ポンド破砕爆弾2発を搭載し、7機が3.25インチ、もしくは5インチロケット弾6発を搭載していた。

陸軍熊本飛行場に置かれた双発機のように見える囮機への機銃掃射。1航過目と思われる攻撃時に炎上していなかった囮機が炎上していることから、2航過目の攻撃時に撮影されたものと見られる。

双発機のように見える囮機へのロケット弾攻撃。第12戦闘爆撃飛行隊の戦闘報告書には、陸軍熊本飛行場内で航空機14機、掩体地区内で航空機5機を視認し、攻撃によって双発機4機を炎上させ、他の航空機に損傷を与えたと記載されている。

5月14日12時9分に「ランドルフ」から第4次攻撃隊として発艦した第12爆撃飛行隊所属のSB2C-4E艦上爆撃機による三菱重工業熊本航空機製作所への急降下爆撃。同製作所にとってこの日3回目の爆撃であり、敷地内に以前の爆撃によるクレーターが確認できる。

SB2C-4E艦上爆撃機によって爆撃される三菱重工業熊本航空機製作所。写真中央左の大型建物にて1,000ポンド通常爆弾の炸裂に伴う閃光が確認できる。同飛行隊はSB2C-4E艦上爆撃機12機で編成されており、各機が1,000ポンド通常爆弾と260ポンド破砕爆弾を1発ずつ搭載していた。

「ランドルフ」飛行隊の熊本攻撃

「ランドルフ」飛行隊の大村航空基地攻撃 ①

**1945.5.13.
大村**

　1945年（昭和20年）5月13日5時頃、九州南東沖の攻撃隊発艦地点に到達した第58.1任務群と第58.3任務群所属の正規空母4隻、軽空母4隻から第1次攻撃隊と各任務群上空の直掩隊が発艦を開始した。各任務群には事前に攻撃目標地区の割り当てが行われており、第58.1任務群は主として鹿児島県内と都城地区の航空基地、第58.3任務群は主として宮崎（都城地区を除く）、熊本、長崎県内の航空基地を目標とした。

　今回の作戦行動では、第58任務部隊にとって過去最少の航空戦力で九州全域及び四国西部の主要な航空基地を2日間に亘って攻撃し続けるため、少数機による攻撃隊を反復して出撃させた。さらに、第58.3任務群所属の空母「エンタープライズ」に搭載された第90夜間空母航空群による夜間及び黎明時における航空基地攻撃も広範囲に亘って実施された。

　5月13日14時51分、第58.3任務群の空母「ランドルフ」から第5次攻撃隊として第12戦闘爆撃飛行隊所属のF6F-5艦上戦闘機16機が発艦を開始した。

第12戦闘爆撃飛行隊所属のF6F-5艦上戦闘機による大村航空基地の北側にある施設へのロケット弾攻撃。同飛行隊の戦闘報告書には、大村航空基地周辺で遭遇した対空砲火についてラバウルやトラック島で経験したものよりも激烈かつ正確であったと記載されている。

第12戦闘爆撃飛行隊は佐世保軍港偵察後に大村航空基地への攻撃を命じられていたため、航空基地北側にある施設群への攻撃を実施した。同航空基地の敷地内外には、これまでの空襲によって出来たと見られる爆弾の着弾痕が確認できる。

大村航空基地北側の施設群へのロケット弾攻撃。撮影機のフィルムに原因があるのか、全体的に暗めの映像となっている。第12戦闘爆撃飛行隊は、搭載燃料の関係から同航空基地へ1航過のみの攻撃しかできなかったと報告している。

第12戦闘爆撃飛行隊所属のF6F-5艦上戦闘機による2D型戦時標準船「白寿丸」へのロケット弾攻撃。同飛行隊は大村航空基地を攻撃後、西彼杵半島西方海域にて門司から長崎へ向けて航行中の「白寿丸」を発見し、ロケット弾攻撃と機銃掃射を行った。

被弾して船尾付近から煙を上げる「白寿丸」。同船に乗船していた武装商船警戒隊の戦闘詳報には、3番船倉及び機械室上部に爆弾と焼夷弾が命中して火災が発生したと記載されているものの、映像から実際はロケット弾の命中によって火災が発生したと思われる。

第12戦闘爆撃飛行隊による「白寿丸」へのロケット弾攻撃。同飛行隊16機のうち、8機にはそれぞれ3.25インチ、もしくは5インチロケット弾6発が搭載されており、大村航空基地攻撃時に発射できなかったものを「白寿丸」への攻撃時に使用した。

第12戦闘爆撃飛行隊による第一一〇震洋隊所属の震洋らしき小型船舶への機銃掃射。同飛行隊は「白寿丸」を攻撃後、配備先である天草下島の茂串に向けて自力航行で進出中の第一一〇震洋隊を発見して機銃掃射を行った。

震洋らしき小型船舶への機銃掃射。第12戦闘爆撃飛行隊の戦闘報告書には、高速魚雷艇28隻を発見して機銃掃射を行い、大型4隻と小型4隻を航行不能にさせたと記載されている。この攻撃で第一一〇震洋隊は戦死傷者14名、震洋6隻沈没等の損害を被った。

「ランドルフ」飛行隊の大村航空基地攻撃 ②

1945.5.14. 大村

1945年（昭和20年）5月14日5時頃、九州南東沖を遊弋していた第58.1任務群と第58.3任務群所属の正規空母4隻、軽空母4隻から第1次攻撃隊と各任務群上空の直掩隊が発艦を開始した。この日も各任務群には事前に攻撃目標地区の割り当てが行われており、第58.1任務群は主として福岡県内と四国西部（松山と高知）の航空基地、第58.3任務群は主として九州東岸沿いの航空基地を目標とした。この他に航空機生産施設である三菱重工業熊本航空機製作所を2コ任務群が協同で攻撃する旨の命令も出されていた。

大村航空基地とその周辺にて航空機約200機が確認されたという報告により、第58.3任務群ではこの日も大村航空基地に対する攻撃を計画した。その手始めに、9時26分に空母「ランドルフ」から第3次攻撃隊として第12戦闘飛行隊所属のF6F-5艦上戦闘機16機が発艦を開始した。さらに、12時頃に空母「エセックス」と軽空母「モンテレー」から第4次攻撃隊の計53機が発艦を開始した。しかし、この攻撃隊は進撃途上で変針を繰り返したため、燃料不足となり日本窒素肥料株式会社水俣工場を攻撃して帰投した。

第12戦闘飛行隊による大村航空基地東側の掩体地区への5インチロケット弾攻撃。前日の攻撃の反省と航空写真の情報に基づき、同飛行隊は掩体地区内に駐機された航空機を攻撃目標とした。この攻撃で10機を地上撃破したと報告している。

第12戦闘飛行隊の戦闘報告書には、大村航空基地の上空でこれまで経験したことのない最も激烈かつ正確な対空砲火に遭遇したと記載されている。写真中央部の光点は全て撮影機に向けて発射された対空機銃の曳痕弾であり、対空射撃の激しさが分かる。

第12戦闘飛行隊による大村航空基地西端の対空陣地への機銃掃射。同飛行隊の戦闘報告書には、大村航空基地の約16km手前から攻撃終了後まで高角砲による対空射撃を受けたが、砲弾は少し離れた位置で炸裂したため被害はなかったと記載されている。

左上／第12戦闘飛行隊による2E型戦時標準船「快南丸」への機銃掃射。同飛行隊は大村航空基地を攻撃後、西彼杵半島西方海域にて長崎から大阪へ向けて航行中の「快南丸」を発見し、ロケット弾攻撃と機銃掃射を行った。

右上／第12戦闘飛行隊による「快南丸」への機銃掃射。同飛行隊の戦闘報告書には、機銃掃射によって「快南丸」の船尾で火災を発生させたと記載されている。武装商船警戒隊の戦闘詳報には、機銃掃射によって搭載していた爆雷2発が炎上したと記載されている。

左／第12戦闘飛行隊による「快南丸」への5インチロケット弾攻撃。写真中の光の筋は全て「快南丸」から発射された13mm機銃の曳痕弾である。武装商船警戒隊の戦闘詳報には、米艦上機の攻撃で隊長を含む3名の隊員が戦死し、2名が負傷したと記載されている。

第12戦闘飛行隊による佐世保防備隊所属の第九十九号駆潜特務艇への機銃掃射。同飛行隊は「快南丸」を攻撃後、その近くで長崎から福江島へ向けて航行中の機帆船団を護衛していた第九十九号駆潜特務艇にも機銃掃射を行った。

機銃掃射を受ける第九十九号駆潜特務艇。同艇の戦闘詳報には、この戦闘で戦死4名、戦傷4名の人的被害を被ったと記載されている。また、艦橋や機械室、電信室の上部を厚さ100cmのコンクリートで覆っていたため、艦橋における負傷者は少なかったと報告している。

第46戦闘飛行隊の厚木航空基地攻撃

**1945.5.17.
綾瀬**

1945年（昭和20年）3月6日、米陸軍航空軍第15戦闘航空群所属の第47戦闘飛行隊がサイパン島から硫黄島南飛行場（日本側名称：第一硫黄島航空基地、千鳥飛行場とも）へ進出した。翌7日には同じく第15戦闘航空群所属の第45戦闘飛行隊と第78戦闘飛行隊も同飛行場へ進出し、8日から硫黄島での近接航空支援と父島及びその周辺の島嶼に対する攻撃を開始した。以後、同島における飛行場の拡張と整備が進展するに従い、第21戦闘航空群等の部隊も進出を行った。そして、4月7日から日本本土へ出撃するB-29爆撃機の護衛任務や戦闘航空群単独による戦闘機掃討を開始した。

5月17日9時2分、第21戦闘航空群所属のP-51D戦闘機52機とP-61夜間戦闘機6機（空海救助支援と落伍機護衛）で編成された攻撃隊が離陸を開始した。これらのP-51D戦闘機のうち、9機が機体不調で早期帰還し、4機が誘導機であるB-29爆撃機の護衛に当たったため、主要攻撃目標とされた厚木航空基地攻撃に向かったのは39機であった。

第46戦闘飛行隊所属のP-51D戦闘機による第一相模野海軍航空隊の教材用と思われる零戦（手前）や九四水偵らしき航空機（奥）への機銃掃射。同航空隊は、厚木航空基地内の西側に設けられた航空機整備員養成を目的とした海軍航空隊であった。

迷彩を施された厚木航空基地の滑走路。写真右上では滑走路脇に駐機された機体が炎上している。米軍が4月中に行った同航空基地への3回の写真偵察において、いずれも300機以上の航空機が認められたので、この日の主要攻撃目標とされた。

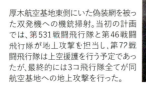

厚木航空基地東側にいた偽装網を被った双発機への機銃掃射。当初の計画では、第531戦闘飛行隊と第46戦闘飛行隊が地上攻撃を担当し、第72戦闘飛行隊は上空援護を行う予定であったが、最終的には3コ飛行隊全てが同航空基地への地上攻撃を行った。

左上／第46戦闘飛行隊は、先行する第531戦闘飛行隊に続いて厚木航空基地へ1航過のみの機銃掃射を行った。手前の建設途上とみられる格納庫は、第二相模野海軍航空隊のものと思われる。この時点でも厚木航空基地では、掩体外に多くの飛行機が駐機されていたようだ。

右上／機銃掃射を受けて炎上する第三〇二海軍航空隊所属の彗星一二戊型らしき単発機。この攻撃に関する厚木航空基地発信の戦闘概報では、零式輸送機4機、銀河、九〇機練各1機が炎上、零式輸送機9機、銀河2機が被弾したと報告されている。

右／機銃掃射を受けて発火した2機の双発機。偽装網やシートを被っているが機体の形状から2機とも銀河と思われる。第21戦闘航空群の報告書には、この攻撃において地上撃破9機、損傷33機の戦果を挙げたと記載されている。

一式陸攻らしき双発機への機銃掃射。写真下に写っている雷電は、第三〇二海軍航空隊所属機であろうと思われる。写真上の格納庫群の周辺には零式輸送機と思われる双発機が2機駐機されているようである。

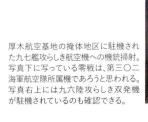

厚木航空基地の掩体地区に駐機された九七艦攻らしき航空機への機銃掃射。写真下に写っている零戦は、第三〇二海軍航空隊所属機であろうと思われる。写真右上には九六陸攻らしき双発機が駐機されているのも確認できる。

第46戦闘飛行隊の厚木航空基地攻撃

「ベニントン」飛行隊の第三次大島輸送隊攻撃

1945.5.22.　トカラ列島沖

　1945年（昭和20年）5月21日、第百七十三号輸送艦と護衛の第三十七号駆潜艇、第五十八号駆潜艇の計3隻で編成された第三次大島輸送隊は佐世保を出撃し、目的地の奄美大島へと向かった。同輸送隊は2日後の23日未明には奄美大島へと到着する予定であった。しかし、翌22日に米軍の哨戒機によって発見されてしまった。

　22日13時42分、沖縄本島東方海域を遊弋中の第58任務部隊の中で唯一作戦行動可能であった第58.1任務群所属の空母「ベニントン」からF6F-5艦上戦闘機15機、TBM-3艦上攻撃機2機の計17機で編成された攻撃隊が発艦を開始し、第三次大島輸送隊攻撃へと向かった。その3分後には、同任務群の空母「ホーネット」からもF6F-5艦上戦闘機16機、TBM-3艦上攻撃機2機で編成された攻撃隊が発艦を開始し、「ベニントン」隊の後を追った。

　15時15分、「ベニントン」所属の第82戦闘飛行隊は、トカラ列島の平島西方を航行中であった第三次大島輸送隊を発見し、直ちに攻撃を行った。

第82戦闘飛行隊は、飛行隊長のヘッセル少佐の小隊が第百七十三号輸送艦、次にジェニングズ・ジュニア大尉とギア中尉の小隊が護衛の駆潜艇2隻に対してそれぞれ攻撃を行った。写真右側にはF6F-5艦上戦闘機から発射された5インチロケット弾が写っている。

第82戦闘飛行隊のジェニングズ・ジュニア大尉、もしくはギア中尉の小隊による護衛の駆潜艇への5インチロケット弾攻撃。両小隊は高度約750mに雲があったため、低空からの浅い角度によるロケット弾攻撃を行った。

第三次大島輸送隊の3隻全てを捉えた1コマ。写真中央に写っている第百七十三号輸送艦は、第82戦闘飛行隊長のヘッセル少佐直率の小隊による急降下爆撃を受けた。ヘッセル少佐の投下した500ポンド通常爆弾2発が同艦の艦尾を直撃して航行不能となっている。

第百七十三号輸送艦の近くで回避行動を行う駆潜艇。第82戦闘飛行隊による2航過目の攻撃時に撮影された1コマである。なお、航行不能となっている第百七十三号輸送艦はこの直後に第82雷撃飛行隊の投下した500ポンド通常爆弾が命中して沈没した。

F6F-5艦上戦闘機による駆潜艇への機銃掃射。第82戦闘飛行隊の戦闘報告書には、1航過目の攻撃で各艦の対空砲火をほとんど沈黙させたと記載されている。実際、この駆潜艇からは対空砲火の発射炎や対空機銃の曳痕弾を確認できない。

艇尾から白煙を上げつつ回避行動を取る駆潜艇。写真左側には同艇に対して発射された5インチロケット弾が至近で炸裂した際に作った波紋が確認できる。これも2航過目に撮影されたものであり、2航過目は3コ小隊の11機によって行われた。

第82戦闘飛行隊のF6F-5艦上戦闘機による駆潜艇への機銃掃射。1航過目に撮影された艦影と比較すると目に見えて速力が落ちているのが分かる。同飛行隊の戦闘報告書には、この2航過目の攻撃によって駆潜艇は2隻とも航行不能になったと記載されている。

第82戦闘飛行隊の4航過目の機銃掃射を受ける航行不能となった駆潜艇。この攻撃時には、上空で攻撃統制に当たっていた1コ小隊も参加して駆潜艇1隻に集中攻撃が行われた。写真左下に写っている駆潜艇はこの攻撃によって沈められた。

零式輸送機二二型 VS PB4Y-1

1945.5.30. 潮岬沖

1945年（昭和20年）4月3日、それまでテニアン島から作戦行動を行っていた第102哨戒爆撃飛行隊は、所属機の約半数に当たるPB4Y-1哨戒爆撃機（B-24の海軍仕様）8機を硫黄島中飛行場（日本側名称：第二硫黄島航空基地、元山飛行場とも）へ派遣した。同飛行隊は3月7日からテニアン島を発進して南西諸島方面での船舶攻撃を兼ねた進出距離約1,900kmの哨戒飛行を実施していたが、航続距離の関係上、復路では一旦硫黄島に着陸して燃料補給を行い、その後テニアン島へ帰投していた。この硫黄島進出によって毎日2機のPB4Y-1哨戒爆撃機を南西諸島から南九州方面にかけて出撃させることが可能となった。5月18日には飛行隊の全てが硫黄島への進出を完了し、翌19日から本格的な日本本土沿岸への哨戒飛行を開始した。

5月30日7時、飛行隊長であるルイス・P・プレスラー予備少佐搭乗のPB4Y-1哨戒爆撃機1機は日本本土沿岸における哨戒飛行のため、硫黄島を発進した。

潮岬周辺で攻撃目標となる航行中の沿岸船舶を発見できなかったプレスラー予備少佐機は、和歌山県の海岸に沿って北西へ飛行中、11時45分に単機で飛行する零式輸送機を発見した。その後、少佐は零式輸送機の後下方に占位するように機動を開始した。

上／零式輸送機の後下方に占位できたPB4Y-1哨戒爆撃機から攻撃を受ける零式輸送機。高度約120mを飛行中のプレスラー予備少佐機は高度約540mを飛行中であった零式輸送機の後下方約20mまで接近後、上部銃座と機首銃座の12.7mm機銃で攻撃を行った。

左／PB4Y-1哨戒爆撃機の攻撃を受けて被弾し、胴体後部から発火する零式輸送機。第102哨戒爆撃飛行隊の戦闘報告書には、零式輸送機が攻撃を受けるまで一切の回避行動を取らず、攻撃を受けてから離脱を試みたと記載されている。

PB4Y-1哨戒爆撃機の操縦席内から撮影された離脱を図る零式輸送機。垂直尾翼に書かれた機番号「22-68」や機体の形状から、この機は第一〇二二海軍航空隊所属の零式輸送機二二型と分かる。被弾の影響で油圧が低下し、両方の主脚が下がってしまっている。

高度を下げながら海岸方向へと離脱を図る零式輸送機。この零式輸送機を攻撃するために発射された12.7mm機銃弾は、上部銃座と機首銃座がそれぞれ約150発、尾部銃座が約50発の計約350発であった。

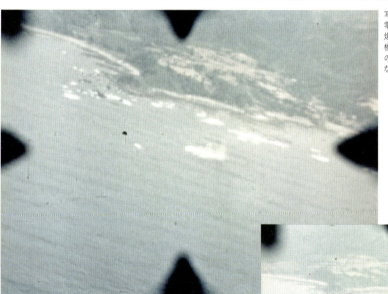

PB4Y-1哨戒爆撃機の操縦席内から撮影された遠ざかりつつある零式輸送機。第一〇二二海軍航空隊の報告書には、この零式輸送機が鹿屋航空基地と厚木航空基地間の定期便として運行されており、宮崎航空基地を経由して厚木航空基地へ向かっていたと記載されている。

写真中央部の白くなっている波紋部分が零式輸送機の墜落地点である。第102哨戒爆撃飛行隊の戦闘報告書には、零式輸送機の尾部が分離したため海岸から約50mの地点に墜落し、搭乗員の脱出は確認されなかったと記載されている。

写真中央部の墜落地点から僅かに黒煙が立ち上っている。第一〇二二海軍航空隊の報告書には、この零式輸送機の搭乗員6名と便乗者19名の計25名全員が戦死したと記載されている。

零式輸送機二二型 VS PB4Y-1

「ランドルフ」飛行隊の北日本攻撃

**1945.7.14.
函館、八戸**

　1945年（昭和20年）7月1日、ジョン・S・マケイン中将が指揮する第38任務部隊の3コ任務群はレイテ湾を出撃した。同任務部隊に与えられた任務は、日本本土全体の航空基地や艦船、工業施設、輸送機関など広範囲な目標に打撃を与えるというものであった。

　7月10日、同任務部隊は主として関東の航空基地を攻撃した。その後、本州から遠く離れた東経150度近くの洋上補給地点へと移動し、12日に洋上補給を実施した。翌13日には東北及び北海道への攻撃を予定していたものの悪天候に阻まれ、攻撃実施は14日に持ち越された。

　7月14日3時30分頃、前日より天候が回復したものの、雲が洋上低く垂れ込める中で第38任務部隊所属の3コ任務群の空母12隻より東北と北海道の航空基地を攻撃目標とする第1次攻撃隊が発艦を開始した。東北の航空基地攻撃を割り当てられた第38.3任務群では、空母3隻から計31機が発艦を開始した。13時頃には同任務群の空母4隻から計111機の第3次攻撃隊が函館在泊の艦船攻撃のために発艦を開始した。

第1次攻撃隊として発艦した第16戦闘飛行隊所属のF6F-5艦上戦闘機による陸軍八戸飛行場の施設群への機銃掃射。発射された12.7mm機銃の焼夷弾が写真中央部の兵舎らしき施設の屋根に命中して閃光を発している。

第16戦闘飛行隊所属のF6F-5艦上戦闘機による陸軍八戸飛行場の格納庫への機銃掃射。同飛行隊の戦闘報告書には、各機250ポンド通常爆弾2発を搭載していたが、終始低い雲に妨げられて有効な爆撃を実施できなかったと記載されている。

第16戦闘飛行隊所属のF6F-5艦上戦闘機による陸軍八戸飛行場近くの東北本線下田～陸奥市川間を走行中であった下り貨物列車に対する機銃掃射。発射された12.7mm機銃の焼夷弾が牽引されている無蓋貨車に命中して閃光を発している。

F6F-5艦上戦闘機による下り貨物列車への機銃掃射。先頭の蒸気機関車は機銃掃射によってボイラーを撃ち抜かれ、噴出した水蒸気に包まれており、その姿を確認できない。外れた12.7mm機銃弾が後方の水田に着弾して水柱を上げている。

下り貨物列車を銃撃後に機首を引き起こした際の1コマ。写真右上には陸軍八戸飛行場を攻撃後に離脱を図るF6F-5艦上戦闘機2機の機影が確認できる。第16戦闘飛行隊の戦闘報告書には、飛行場攻撃時に2機が近くを走行中の列車を機銃掃射したと記載されている。

第3次攻撃隊として発艦した第16戦闘飛行隊所属のF6F-5艦上戦闘機による函館港内に停泊中の「第七青函丸」への攻撃。この日の攻撃で青函航路に就航していた連絡船のほとんどが撃沈されたものの、同船は損傷しただけで沈没を免れた。

第16戦闘飛行隊所属のF6F-5艦上戦闘機による「第七青函丸」への5インチロケット弾攻撃。第3次攻撃隊として「ランドルフ」からは、F6F-5艦上戦闘機25機、SB2C-4艦上爆撃機9機、TBM-3艦上攻撃機13機の計46機が発艦していた。

「第七青函丸」への5インチロケット弾による攻撃後、機首引き起こし時に撮影された1コマ。写真中央部に写っている多数の光点は、「第七青函丸」の艦上に設置された対空機銃から撮影機に対して発射された曳痕弾である。

「ランドルフ」飛行隊の北日本攻撃 135

第38任務部隊の呉在泊艦船攻撃

1945.7.24./28. 呉

1945年（昭和20年）7月14日から15日にかけて北海道と東北を攻撃した第38任務部隊は、続いて17日から18日にかけて関東の航空基地と横須賀在泊の艦船を攻撃した。その後、21日から22日まで大規模な洋上補給を行った同任務部隊は、24日から25日にかけて呉在泊艦船への大規模な攻撃を計画した。

7月24日4時45分頃、攻撃隊発艦地点に到達した第38任務部隊の空母14隻から第1次攻撃隊が発艦を開始した。この日は6次に亘って攻撃隊の発艦が行われ、第3次攻撃隊と第6次攻撃隊は呉在泊艦船を攻撃し、その他の攻撃隊は静岡県西部から北部九州にかけて所在する航空基地への攻撃を行った。翌25日も前日と同規模の攻撃が行われたものの、悪天候に阻まれて12時以降の攻撃は中止された。

第38任務部隊は26日から27日まで再度洋上補給を行った後、28日に前回24日を上回る規模での呉在泊艦船への攻撃を行った。この一連の攻撃では、VT信管付260ポンド破砕爆弾とMk.243水分識別信管が威力を発揮し、少ない損害で大型艦の大半を大破着底させるに至った。

7月24日7時45分に第3次攻撃隊として空母「ハンコック」を発艦した第6爆撃飛行隊所属のSB2C-4E艦上爆撃機による三ツ子島の岸壁に繋留された空母「天城」への攻撃。写真右側の光点は、撮影機が発射した5インチロケット弾である。

第6爆撃飛行隊所属のSB2C-4E艦上爆撃機11機のうち、5機が「天城」を攻撃した。同飛行隊は、各機Mk.243水分識別信管（水面への接触では起爆しない新型信管）付1,000ポンド通常爆弾と5インチロケット弾2発を搭載していた。

先行した航空機の攻撃によって「天城」の半分以上が煙に包まれている。今回の呉在泊艦船攻撃では、VT信管付260ポンド破砕爆弾で対空火器の人員を殺傷後、Mk.243水分識別信管付爆弾で艦船の水線下に損傷を与える攻撃方法が大規模に行われた。

1,000ポンド通常爆弾を投弾直前の撮影機から撮られた「天城」。同艦を三ツ子島の一部であると擬装するため、飛行甲板上には小屋が建てられ、岸壁との間に展開された偽装網上には道が描かれている。

7月24日8時10分に第3次攻撃隊として空母「ヨークタウン」を発艦した第88爆撃飛行隊所属のSB2C-4E艦上爆撃機の後席から撮影された重巡「利根」への攻撃。写真左上に写っているのが「利根」の艦首部分である。

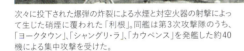

次々に投下された爆弾の炸裂による水煙と対空火器の射撃によって生じた硝煙に覆われた「利根」。同艦は第3次攻撃隊のうち、「ヨークタウン」、「シャングリ・ラ」、「カウペンス」を発艦した約40機による集中攻撃を受けた。

「利根」の艦中央部に見える小さな閃光は12.7cm高角砲を発砲した時のものである。利根型重巡の特徴である艦前部に集中配置された主砲部分が判別できる。写真右下に写り込んでいるのはSB2C-4Eヘルダイバー艦上爆撃機の水平尾翼である。

7月28日7時45分に第3次攻撃隊として空母「ヨークタウン」を発艦した第88戦闘飛行隊所属のF6F-5艦上戦闘機による軽巡「大淀」への急降下爆撃。写真上側の海面上で炸裂しているのが対空火器の人員殺傷用のVT信管付260ポンド破砕爆弾である。

「ヨークタウン」飛行隊の鳥取攻撃

**1945.7.25.
米子、美保沖**

　1945年（昭和20年）7月24日から25日にかけて第38任務部隊は呉在泊艦船への大規模な攻撃を行った。それに合わせて、静岡県西部から北部九州にかけての広範囲に所在する航空基地への艦上戦闘機による攻撃も行われ、第38.1任務群には中部、第38.3任務群には瀬戸内海西部から北部九州、第38.4任務群には関西と山陰が主な攻撃目標地区として割り当てられた。

　7月25日10時頃、第38.4任務群の第3次攻撃隊として空母「ヨークタウン」から第88戦闘飛行隊所属のF6F-5艦上戦闘機10機、空母「シャングリ・ラ」から第85戦闘飛行隊所属のF4U-1C艦上戦闘機8機とFG-1D艦上戦闘機3機の計21機が発艦を開始した。この攻撃隊の主要攻撃目標は陸軍米子飛行場であった。

　この攻撃隊は、陸軍米子飛行場を攻撃後に日本海を航行する輸送船2隻を発見した。第88戦闘飛行隊のケイグル大尉は、第85戦闘飛行隊のブレア大尉に「どちらの飛行隊が早く輸送船を沈めることができるか競争しよう」と持ち掛けた。

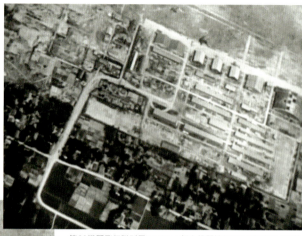

第88戦闘飛行隊による陸軍米子飛行場の格納庫への急降下爆撃。この時点で同飛行場は2度の攻撃を受けており、写真右端に写っている大型格納庫の屋根にはその際に出来たと思われる穴が確認できる。

第88戦闘飛行隊所属のF6F-5艦上戦闘機による陸軍米子飛行場の格納庫への急降下爆撃。同飛行隊は各機VT信管付260ポンド破砕爆弾1発と5インチロケット弾4発を搭載しており、同飛行場の格納庫に向けて260ポンド破砕爆弾を投下した。

陸軍米子飛行場への機銃掃射。第88戦闘飛行隊は260ポンド破砕爆弾を投弾後、駐機された航空機への機銃掃射を行った。しかし、炎上した航空機はなかったので、ケイグル大尉は1航過目に機銃掃射した航空機を再度機銃掃射するように命じた。

第88戦闘飛行隊所属のF6F-5艦上戦闘機による大連汽船所属の「永安丸」への攻撃。同飛行隊は搭載した5インチロケット弾を未使用であったため、発見した輸送船2隻のうち、約4,000総トンと推定された「永安丸」に対して攻撃を行った。

第88戦闘飛行隊による1航過目の攻撃を受ける「永安丸」。同船を逸れた5インチロケット弾2発が右舷側の海面に着弾して炸裂し、水柱を上げている。この1航過目の攻撃で少なくとも4発の5インチロケット弾を命中させたと報告している。

第88戦闘飛行隊による2航過目の攻撃を受ける「永安丸」。第88戦闘飛行隊の戦闘報告書には、2航過目の攻撃は左舷側から右舷側へ同船を横切る形で行われ、1航過目と合わせて計15発の5インチロケット弾を命中させたと記載されている。

「永安丸」への5インチロケット弾攻撃。1航過目に撮影された写真と比較して行き足が衰えている。攻撃終了時点で同船は炎上しつつも浮かんでいたが、1時間半後に飛来した飛行隊は当該海域にて油膜と残骸が漂っているのを報告し、沈没したものと判定された。

「ヨークタウン」飛行隊の鳥取攻撃

零戦五二型 VS P-51D

1945.8.8. 八幡

　1945年（昭和20年）7月上旬、ルソン島に展開していた米陸軍航空軍の第5航空軍では、沖縄本島での飛行場整備の進展に伴い戦闘飛行隊の沖縄進出を開始した。そして、第1陣の第35戦闘航空群は7月2日から読谷飛行場へ、続いて第2陣の第348戦闘航空群は7月9日から伊江島飛行場へ進出し、順次九州及び上海方面への作戦行動を開始した。

　8月8日8時15分、築城航空基地への爆撃に向かう第7航空軍所属の第41爆撃航空群のB-25爆撃機36機と第319爆撃航空群のA-26攻撃機36機の直掩任務に当たるため、第348戦闘航空群所属の第340戦闘飛行隊と第460戦闘飛行隊から1コ小隊ずつ抽出されたP-51D戦闘機8機が伊江島飛行場から離陸を開始した。

　この日の沖縄基地からの航空作戦は、マリアナ基地に展開していた第21爆撃軍団のB-29爆撃機による八幡市街地への昼間焼夷弾爆撃に呼応する形で実施された。これに対して、日本海軍では北部九州に展開していた第三四三海軍航空隊と第二〇三海軍航空隊が邀撃に発進した。

左上／第460戦闘飛行隊所属のジョージ・C・エルベイ大尉機の攻撃を受ける零戦五二型。第41爆撃航空群の任務報告書には、この零戦が単機で爆撃終了後のB-25爆撃機の編隊に直上方攻撃を掛けてきたが、航過後に護衛のP-51戦闘機によって捕捉されたと記載されている。

右上／エルベイ大尉機の攻撃を回避する零戦五二型。第460戦闘飛行隊所属のP-51戦闘機4機は、この空戦の直前に第三四三海軍航空隊所属の横堀上飛曹機と交戦して高度を落としてしまっており、B-25爆撃機の編隊が零戦の攻撃を受けるまでその存在に気付かなかった。

左／エルベイ大尉機の発射した12.7mm機銃の焼夷弾が零戦五二型の右主翼に命中して閃光を発している。第460戦闘飛行隊の最終任務報告書には、B-25爆撃機の編隊に対して三号爆弾で攻撃を行った零戦を追尾し、高度約2,400mで捕捉して攻撃を加えたと記載されている。

エルベイ大尉機の攻撃を受けて被弾したものの、緩いスプリットSを行って攻撃を回避する零戦五二型。第460戦闘飛行隊の最終任務報告書には、この直後にエルベイ大尉の僚機も攻撃を行って零戦の尾部に命中弾を与えたと記載されている。

2分隊長であるリード・C・テート中尉機のガンカメラが捉えた零戦五二型。零戦は上昇して第460戦闘飛行隊のP-51戦闘機の攻撃を回避しようとしているように見える。

エルベイ大尉が率いる1分隊に続いて攻撃を行ったテート中尉の2分隊は、高度約2,100mで零戦を捕捉し、距離約270mで1撃目の射撃を行った。日米双方の記録から、この零戦は第二〇三海軍航空隊所属の加藤正治一飛曹機と見て大過ないと思われる。

2分隊長のリード・C・テート中尉機の攻撃を受ける加藤正治一飛曹機。加藤一飛曹機は、テート中尉機の攻撃を横滑りで回避しようとしている。テート中尉はこの攻撃時に零戦の至る所に命中弾を与えたと報告しているが、映像を観る限りでは命中弾を確認できない。

テート中尉機のガンカメラが捉えた、エルベイ大尉機の2撃目を受けた直後の加藤一飛曹機。エルベイ大尉機の2撃目によって零戦の操縦席付近と機体後部から発火している。この直後、零戦は燃え上がって現日田市内の山中に墜落した。

第19戦闘飛行隊の第二十一号輸送艦攻撃

1945.8.9. 松山沖

1945年(昭和20年)5月14日、米陸軍航空軍の第7航空軍所属であった第318戦闘航空群の3コ戦闘飛行隊約80機がサイパン島から伊江島飛行場へ進出してきた。それまでの沖縄における米軍の基地航空戦力は、4月7日に読谷飛行場へ進出してきた第31海兵航空群の約100機と4月9日に嘉手納飛行場へ進出してきた第33海兵航空群の約100機であったため、さらなる戦闘機戦力の増強となった。

米軍は、沖縄本島における地上戦の進展と同時並行で飛行場の整備を急ピッチで行っており、米軍が沖縄本島での戦闘終結を宣言した7月2日時点では、海兵隊約450機、陸軍航空軍約550機が展開を終えていた。

8月9日、伊江島飛行場に展開していた第7航空軍所属の第318戦闘航空群と第413戦闘航空群に戦闘機のみによる松山航空基地への攻撃が下令された。7時30分頃、先行する第413戦闘航空群のP-47N戦闘機約50機が離陸を開始し、続いて8時頃から第318戦闘航空群のP-47N戦闘機46機が離陸を開始した。

第318戦闘航空群第19戦闘飛行隊所属のP-47N戦闘機による第二十一号輸送艦への機銃掃射。同艦は7月15日に呉海軍工廠で竣工した真新しい艦であった。この日、同艦は呉を出撃して大津島へ行き、基地回天隊用の回天を搭載する予定であった。

左上／第19戦闘飛行隊所属のP-47N戦闘機8機による第二十一号輸送艦への2航過目の機銃掃射。艦首部に装備されていた12.7cm連装高角砲が発砲した瞬間を捉えている。任務報告書には、2航過目の機銃掃射は艦首から艦尾の方向へ行われたと記載されている。

右上／対空砲火がほぼ沈黙した第二十一号輸送艦への2航過目の機銃掃射。同艦は大津島へ向かっていた11時頃、松山航空基地への攻撃を終えた第413戦闘航空群第1戦闘飛行隊所属のP-47N戦闘機に発見され、最初に攻撃を受けていた。

左／第19戦闘飛行隊所属のP-47N戦闘機による第二十一号輸送艦への3航過目の機銃掃射。第19戦闘飛行隊の2コ小隊8機は松山航空基地を攻撃後、第1戦闘飛行隊が発見を報じた高速輸送艦への攻撃を実施し、1航過目で対空砲火を沈黙させたと報告している。

津和地島の浜に擱坐すべく航行中の第二十一号輸送艦。第19戦闘飛行隊では同艦への2航過目までは2コ小隊8機で機銃掃射を行っていたが、3航過目からはさらに1コ小隊4機が加わり、以降はこの12機で機銃掃射を反復した。

おそらく5航過目の第二十一号輸送艦への機銃掃射。第318戦闘航空群の任務報告書には、4航過目の機銃掃射を行った際に艦上で爆発が起こったと記載されている。同艦の艦尾付近で発生している小火災は、この4航過目の機銃掃射によるものと思われる。

津和地島に擱坐した第二十一号輸送艦への機銃掃射。第19戦闘飛行隊の3コ小隊は擱坐した同艦へさらに2航過の機銃掃射を行った。第318戦闘航空群の任務報告書には、擱坐した同艦から脱出する人影を視認しなかったと記載されている。

擱坐した第二十一輸送艦の右舷側からの機銃掃射。第19戦闘飛行隊は同艦への一連の攻撃で12.7mm機銃弾を8,000〜10,000発使用したと報告している。なお、津和地島にある同艦の戦没者慰霊碑には、この攻撃で乗員63名が戦死したと記載されている。

第19戦闘飛行隊の第二十一号輸送艦攻撃

流星 VS F6F-5

1945.8.9. 金華山沖

　1945年（昭和20年）7月28日、第38任務部隊は呉在泊艦船への攻撃で大型艦の大半を大破着底させた。同任務部隊は続いて30日に舞鶴とその周辺に在泊していた艦船への攻撃を実施し、洋上補給完了後は佐世保及び釜山周辺に在泊している艦船への攻撃を計画した。しかし、台風の接近に伴う悪天候の影響で攻撃は中止となり、第38任務部隊は第37任務部隊（英太平洋艦隊）と共に東北沖へと移動した。

　8月9日4時頃、攻撃隊発艦地点に到達した第38任務部隊の空母13隻から第1次攻撃隊が発艦を開始した。この日の主要攻撃目標は大湊在泊の艦船と東北各地の航空基地であった。

　これに対して、連合艦隊では7月中の米機動部隊による攻撃で痛手を被った反省から、米機動部隊へ限定的な反撃を行う方針に転換していた。そして、第三航空艦隊は第六〇一海軍航空隊所属の攻撃第一飛行隊と第七五二海軍航空隊所属の攻撃第五飛行隊に対して少数機による米機動部隊攻撃を命じた。

第88戦闘飛行隊所属のF6F-5艦上戦闘機の攻撃を受ける攻撃第五飛行隊所属の流星。同飛行隊のF6F-5艦上戦闘機8機はレーダーピケット艦上空での戦闘空中哨戒のため、14時15分に空母「ヨークタウン」から発艦していた。

両翼端からヴェイパーを引きつつ回避機動を取る流星。15時、第88戦闘飛行隊は流星2機を発見して攻撃を行ったところ、2番機は突然錐揉みに陥り2小隊によって撃墜された。それに対して、1番機は急降下に入り追尾してきた1小隊の4機を振り切ろうとした。

1小隊3番機のロバート・L・アップリング中尉機の追尾を受ける流星。急降下で離脱を図るこの流星を追尾するため、1小隊は水メタノール噴射装置を使用したフルスロットルで飛行し、徐々に流星との距離を詰めていった。

高度約150mにて回避機動を続ける流星。追尾するアップリング中尉は流星との距離が約270mにまで接近してから1撃目の射撃を行い、左主翼に命中弾を与えた。流星の6時方向から追尾を行っているため、逆ガル翼を持つ同機の特徴を明瞭に捉えている。

流星との距離をさらに詰めていくアップリング中尉機。日米双方の史料から、この流星の搭乗員は、操縦：島田栄助上飛曹、偵察：笹沼正雄中尉の可能性がある。

流星との距離を約45mまで近付けたアップリング中尉機による攻撃。流星の左主翼にさらなる命中弾を与えて燃料を噴出させている。第88戦闘飛行隊の戦闘報告書には、この時点で高度は約60mにまで下がっていたと記載されている。

右主翼にも被弾して燃料を噴出させる流星。同機の後席には追尾するF6F-5艦上戦闘機に向けて13mm旋回機銃を射撃している偵察員の人影が確認できる。写真下側の光点は13mm旋回機銃から発射された曳痕弾である。

海面に墜落直前の笹沼中尉機と思われる流星。左主翼から噴出していた燃料に引火して炎上し始めている。第88戦闘飛行隊の戦闘報告書には、この直後に右主翼も燃え始めて海面に激突し、爆発したと記載されている。

第39戦闘飛行隊の「第三鷹川丸」攻撃

**1945.8.14.
平戸島沖**

　1945年（昭和20年）5月14日、伊江島飛行場の整備進展に伴って米第7航空軍所属の第318戦闘航空群の3コ戦闘飛行隊（いずれもP-47N装備）が陸軍戦闘機部隊の第1陣として進出してきた。その後、6月末までに第7航空軍所属の7コ戦闘飛行隊も相次いで伊江島飛行場へ進出した。7月2日には第5航空軍所属の第35戦闘航空群の3コ戦闘飛行隊（いずれもP-51D装備）が読谷（日本側呼称：沖縄北）飛行場へ進出し、8月15日までにさらに14コ戦闘飛行隊が沖縄各地の飛行場へ進出を完了した。

　8月14日7時5分、沖縄に展開していた米陸軍戦闘機部隊は、主として瀬戸内海西部及び九州北西海域の船舶攻撃とその掩護に出撃した。第35戦闘航空群所属の第39戦闘飛行隊には、九州北西海域での船舶攻撃が命じられており、各機500ポンド通常爆弾1発を搭載したP-51D戦闘機16機が読谷飛行場から離陸を開始した。

第39戦闘飛行隊所属のP-51D戦闘機による「第三鷹川丸」への機銃掃射。第39戦闘飛行隊は唐津港周辺に停泊中の小型船舶に対する急降下爆撃と機銃掃射を行った後、平戸島北方沖を航行中の「第三鷹川丸」を発見して機銃掃射を加えた。

第39戦闘飛行隊所属のP-51D戦闘機による平戸島北端にある田ノ浦海岸の浅瀬に擱坐した「第三鷹川丸」への機銃掃射。同船の機関は動いているものの、船首部が若干浮き上がって船尾部が沈み込み、航跡が確認できないので擱坐直後の状況と思われる。

擱坐後に機関を停止した状態の「第三鷹川丸」への機銃掃射。この直前、第310戦闘飛行隊が近くで輸送船1隻を爆撃して至近弾4発を与えている。おそらくは「第三鷹川丸」への攻撃であり、同船は沈没を防ぐために手近な田ノ浦海岸へ向かっていたものと思われる。

度重なる機銃掃射によって「第三鷹川丸」周辺の海面は白く泡立っている。第39戦闘飛行隊の任務報告書には、この攻撃で「第三鷹川丸」の船上にて火災が発生したと記載されている。しかし、撮影されたガンカメラ映像を観る限りでは火災は確認できない。

佐世保の駆逐艦「涼月」①

1945.9.29.
佐世保

　1945年（昭和20年）9月22日、九州での占領統治を行うための第1陣として第5海兵師団が第55任務部隊の援護を受けて佐世保へと上陸した。その翌日には第2海兵師団も長崎に上陸した。この作戦を支援するため9月21日に沖縄を出撃した護衛空母「ケープ・グロスター」は、長崎を経て25日に佐世保港に入港し、その後10月11日まで佐世保に停泊した。

　この佐世保在泊中に、「ケープ・グロスター」に乗艦していたカメラマンは佐世保鎮守府関連の各種施設や佐世保在泊艦船等の映像を撮影している。その中でも特に貴重なものであると著者が考えるのは、9月29日に第55任務部隊司令官であるモートン・L・デヨ少将らの一行が相浦に繋留されていた駆逐艦「涼月」を訪問した際に撮影された映像である。

「涼月」の艦尾部から艦首方向を捉えた1コマ。九八式10cm連装高角砲の3番、4番砲塔のほかに右舷側に設置された爆雷投下軌条や爆雷装填台、Y字型の爆雷投射機も確認できる。

間近からカラーで撮影された「涼月」の4番砲塔。3番砲塔と共に唯一「涼月」に残されていると言っても過言ではない使用可能な兵装であり、第四予備艦となった後も射撃可能なように整備されていたのが分かる。

おそらく3番砲塔の上部から撮影された「涼月」の艦尾部分。艦尾部分の手摺の形状等もよく分かる。なお、爆雷装填台の左舷側の舷側に確認できる衝立状の物は、25mm単装機銃の防弾板である。

後部にあった九四式高射装置を撤去して設置された25mm3連装機銃の機銃台から艦首方向を捉えた1コマ。艦の前部と中央部に設置されていた25mm3連装機銃は撤去されているものの、それ以外の構造物の配置状況が良く分かる。

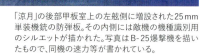

「涼月」の後部甲板室上の左舷側に増設された25mm単装機銃の防弾板。その内側には敵機の機種識別用のシルエットが描かれた。写真はB-25爆撃機を描いたもので、同機の速力等が書かれている。

後部甲板室上左舷側に増設された25mm単装機銃座の全景。B-25爆撃機以外にもF6F艦上戦闘機やTBM艦上攻撃機といった主な敵機のシルエットが描かれている。

魚雷収納用スキッドビーム横に置かれたシートを被せられた状態の魚雷運搬車。写真左上には魚雷移動用軌条のすぐ脇に設置された25mm単装機銃用の基部と防弾板が確認できる。この防弾板にも敵機識別用のシルエットが描かれている。

魚雷運搬車が被っていたシートを外した状態で撮影された1コマ。魚雷運搬車の各部まで確認できる貴重なカットである。

魚雷発射管脇から撮影された魚雷運搬車。写真左下に見えるのは分岐する魚雷移動用軌条の一部であるが、本来これは冬月型のみに見られるものであり、秋月型の「涼月」にあるのは興味深い。

魚雷発射管脇の魚雷移動用軌条の形状が良く分かる1コマ。「涼月」の魚雷移動用軌条は、秋月型と冬月型の双方の特徴を持っていたことが分かる貴重なカットである。また、予備魚雷格納室の細部も鮮明に写っている。

後部マストを捉えた1コマ。本来、後部マストには一三号電探が装備されていたものの、一連の映像を見る限りではその存在を確認できない。おそらくは佐世保海軍工廠での応急修理時に機銃等と共に取り外されたものと考えられる。

佐世保の駆逐艦「涼月」①

秋月型に装備された九二式4連装魚雷発射管四型や25mm3連装機銃の機銃台支柱等の状況が良く分かる1コマ。写真右端には2ヵ所の25mm単装機銃用の防弾板が確認でき、日本側の対空火力の増強に関する努力が垣間見られる。

本来は1番砲塔と2番砲塔のあった艦首部分。撤去された1番砲塔のあった箇所が塞がれている。また、被弾部には落下防止のためと思われる木製の手摺が設置されている。写真右側に見える電信柱は外部から艦へ送電するために設置されたものである。

艦橋の防空指揮所左舷側から艦後部を撮影した1コマ。25mm3連装機銃は取り外されているものの、機銃の旋回範囲を制限するための柵が確認できる。また、予備魚雷格納室、魚雷収納用スキッドビーム、H型の烹炊室用煙突等も確認できる。

右舷側の後部甲板室付近の甲板で撮影された1コマ。「涼月」を訪れたデヨ少将一行と案内役の海軍軍人らが写っている。左から3人目に巻脚絆をつけた陸軍軍人らしき人物が1人だけいるのが分かる。

「涼月」の喫水線部を捉えた1コマ。艦首の砲塔や機銃等の兵装の大部分を陸揚げしたため、喫水線が浅くなって艦底色の赤色が確認できる。

「涼月」から退艦する第55任務部隊司令官のモートン・L・デヨ少将ら一行。一番右を歩いている人物がデヨ少将である。秋月型駆逐艦では「涼月」のみに見られる艦橋横に増設された25mm3連装機銃の機銃台が確認できる。

「涼月」の全景を撮影した1コマ。4月の坊ノ岬沖海戦における右舷の被弾箇所が良く分かる。また、2度の被雷による艦首喪失後に新造された艦首形状にも注目したい。他の同型艦よりもさらに直線的な艦首形状は「涼月」の特徴である。

佐世保の駆逐艦「涼月」①

佐世保の駆逐艦「涼月」②

1945.9.29.
佐世保

　本項で掲載する写真は、前項において紙幅の関係で紹介できなかったものである。前項では主として駆逐艦「涼月」の艦後部と中央部において撮影されたものを掲載したが、本項では主に艦前部で撮影されたものを掲載する。

　「涼月」は、1945年（昭和20年）4月7日の坊ノ岬沖海戦にて米艦上機の攻撃によって右舷前部に被爆しており、佐世保へ帰投後に損傷箇所の応急修理を行った。本項で掲載する写真には、その応急修理箇所を様々な角度から撮影したものも含まれている。

　2回に亘って掲載した「涼月」に関する写真の数々が今後の研究に何らかの影響を与えることができれば、著者として幸いである。

　なお、本項の写真も前項のものと同様に護衛空母「ケープ・グロスター」に乗艦していたカメラマンによって撮影されたものである。

一連の映像が1945年9月29日10時に米護衛空母「ケープ・グロスター」に乗艦していたJ・S・オーガスト氏によって撮影されたことが分かる。なお、撮影場所を「SASEBO」ではなく、「SESABO」と誤記している。

秋月型及び冬月型駆逐艦では唯一「涼月」のみに見られる角張った形状の艦橋を鮮明に捉えた1コマ。前部マストに装備されていた二二号電探が取り外されているのが確認できる。

「涼月」の全体を写した1コマ。九八式10cm連装高角砲や25mm機銃等の武装を撤去したため喫水線が浅くなっており、艦底色の赤色が露出している。

艦外から坊ノ岬沖海戦で被爆した箇所を撮影した1コマ。上部甲板が被爆時の爆風で盛り上がっているのが見て取れる。また、外側から2本の鉄骨で船体を補強しているのも分かる。

右舷側の艦橋脇に増設された25mm3連装機銃の銃座から撮影された煙突周辺部。煙突の右舷側に識別のために描かれた丸印等が確認できる。艦後部にはシートを被せられているものの90cm探照灯が残されている。

おそらく艦橋上部の防空指揮所付近で撮影されたと見られる1コマ。P-38戦闘機やB-29爆撃機等の交戦することが予想される米軍機のシルエットが描かれているのが分かる。

煙突の右舷側に増設された25mm3連装機銃の銃座で撮影された1コマ。単装機銃座の防弾板だけでなく、3連装機銃座の防弾板にも米軍機のシルエットが描かれていたのが分かる。また、9m内火艇用のダビットの先端部が写り込んでいる。

煙突右舷側の25mm3連装機銃座の防弾板に描かれた米軍機のシルエット。奥に写っている機銃座の防弾板にも米軍機のシルエットが描かれているのが分かる。後部マスト脇には魚雷収納用スキッドビームの上部が確認できる。

佐世保の駆逐艦「涼月」②

「涼月」の外観で一番の特徴といえる簡易化された角張った艦橋を正面から捉えた1コマ。艦橋上部から順に九四式高射装置、防空指揮所の遮風装置、羅針艦橋等が確認でき、艦橋両脇に増設された機銃台や右舷前部の被弾箇所も確認できる。

右舷前部の被弾箇所に落下防止用として設置された木製の手摺。被爆時に開いたと思われる穴のうち、大きいものには蓋がされている。

艦首側から右舷前部の被爆箇所を捉えた1コマ。爆弾が命中した際の衝撃によって、隣接する艦橋下部右舷側の外板も大きく凹んでいるのが見て取れる。また、船体を構成している鋼材の薄さも確認でき、駆逐艦にとっては至近弾でも致命傷となることが分かる。

右舷前部の被爆箇所に施された応急修理の様子が分かる貴重な1コマ。補強するために一部で鉄骨が使用されているものの、補強材の多くは木材であり、太平洋戦争最末期における鋼材不足の一端が窺い知れる1枚となっている。

元1番砲塔脇の上甲板内で撮影された1コマ。被爆時の爆風等で天井部には穴が開いており、柱等も曲がっているのが分かる。ここにも落下防止用の木製の手摺が設けられており、写真奥に写っている舷窓からは光が差している。

「涼月」の右舷中央部を写した1コマ。繋留された「涼月」に乗艦するための木製桟橋を設置する際に邪魔になると判断されたのか9mカッター用のダビットが撤去されてしまっているのが分かる。

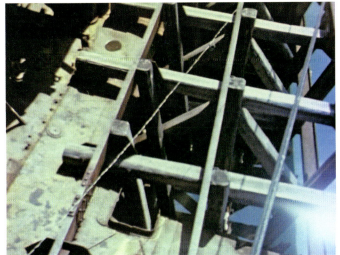

左から2人目の人物が第55任務部隊司令官のモートン・L・デヨ少将である。デヨ少将は沖縄戦時に第54任務部隊司令官を務めており、日本海軍の第一遊撃部隊を迎え撃つ準備をしていた人物でもある。

右舷の艦橋脇から被爆箇所の内部を捉えた1コマ。角材と鋼材で被爆箇所を補強する応急修理を終えているが、船体に開いた破口から船体内に海水が浸入してきており、浮いているだけの最低限度の修理しか施されなかったのが分かる。

佐世保の空母「隼鷹」

1945.9.25.
佐世保

　1945年（昭和20年）9月21日、九州での占領統治を行う米海兵師団の上陸を支援するため、第55.7任務群所属の護衛空母「ケープ・グロスター」は、沖縄本島の牧港沖を出撃した。翌22日には第55.5任務群と合流して同任務群に編入され、24日17時43分に長崎港外へ到着した。さらに、25日の7時46分には長崎を出港し、12時29分には佐世保港へと入港した。

　佐世保到着後、同艦に乗艦していたカメラマンたちはランチに乗って佐世保港内を巡り、海上から佐世保海軍工廠や水上機基地、停泊中の艦船等を間近で撮影している。それらの映像の中から商船改造空母である「隼鷹」が写っているカットを紹介する。

「ケープ・グロスター」のカメラマンが佐世保入港直後に撮影した「隼鷹」を捉えた1コマ。1945年9月下旬時点での同艦の全景を近くから収めている貴重なカラー映像である。

「隼鷹」の左舷前半部を捉えた1コマ。艦橋の前後に増設された25mm機銃や左舷のスポンソンに設置された12.7cm高角砲等の兵装が撤去されている。

「隼鷹」の側から離れていくランチ上から撮影された1コマ。7月31日に第41爆撃航空群所属のB-25Jが「隼鷹」を雷撃して魚雷1本命中の報告をしているが、これら一連の映像を見る限りでは損傷は確認できず、おそらく誤認と思われる。

前出の3枚とは別のカメラマンが撮影した「隼鷹」の全景を捉えた1コマ。フィルムの保存状態によるものか他の3枚とは違った色合いとなってしまっている。

おわりに

　NARA所蔵の映像史料解析を始める前は、米軍によって撮影された第2次世界大戦中の全映像フィルムが同館に整理された状態で収蔵されていると思っていた。しかし、実際に映像史料をNARAから取り寄せたところ、所蔵されているのはごく一部のもののみであり、それらには撮影日時等を記したキャプションすら付いていないというのが分かった。当時は大学で学んだ史学を活かす道を模索していたので、何らの躊躇なく映像解析を始めた。

　2011年(平成23年)に初めて行った映像解析にて、本書でも掲載した1945年3月18日の宇佐海軍航空隊への初空襲時のガンカメラ映像を発見し、「豊の国宇佐市塾」が毎年5月に開催している「宇佐航空隊平和ウォーク」にて市民の方々に公開した。その際、多くの方々に来場して頂き、空襲経験者の方々からは貴重な証言を伺うことができた。その後も新たなガンカメラ映像の公開をする度に同様の経験をした。これらの経験がさらなる映像解析への意欲を高め、解析作業を続ける原動力となっている。

　NARA所蔵の映像史料解析を始めてから今年で丸13年が経過した。その期間にNARAから取り寄せた映像史料の本数は336本、約54時間分、戦闘報告書等の一次史料は約5万点となっており、一個人で管理するには限界がある。宇佐市では「(仮称)宇佐市平和ミュージアム」が近年中に開館見込みであると仄聞しており、条件さえ整えば同館での映像史料公開も視野に入れてみたい。

　私が映像史料の解析に取り組めているのは、様々な方々から頂いた一方ならぬご指導とご支援の賜物である。それらの方々を列記するのは紙幅の関係上出来ないため、特に大きな影響を与えた方々をご紹介して私からの謝辞としたい。

　まず、高知大学の津野倫明先生には史学研究に関する基礎を徹底的に鍛えて頂いた。また、大学から親交のある新名悠由氏には、映像史料の取得に関わるNARAや複製業者との交渉の一切を担って頂いている。さらに、「豊の国宇佐市塾」の平田崇英氏と藤原耕氏には研究発表する場を与えて頂いた。空襲研究の泰斗である工藤洋三先生にはNARA所蔵史料や空襲史研究に関する様々な知見をご教示頂いた。

　雑誌『丸』での10年以上に亘る連載は、潮書房光人新社の坂梨誠司氏と『丸』現編集長の岩本孝太郎氏にご理解を頂いた賜物である。その上、岩本氏にはご快諾を頂き、本書の刊行に至った。また、イカロス出版の武藤善仁氏には、原稿の進捗が遅筆気味にも拘わらず、根気強くご対応して頂いた。

　最後になってしまうが、家計を顧みずに史料蒐集し、自宅で過ごす時間の大半を映像解析と執筆に充てる私を支え、誰よりも近くで応援してくれる妻には心から感謝している。

2024年11月14日
寓居にて
著者

■初出一覧

※月号表記のものはすべて月刊「丸」(潮書房光人新社)を示す。

項目	初出
「ヨークタウン」飛行隊のクェゼリン環礁攻撃	2019年5月号
「ヨークタウン」飛行隊のマーシャル諸島攻撃	2019年6月号
零式水偵 VS F6F-3	2017年1月号
「カウペンス」飛行隊の「那珂」攻撃	書き下ろし
第七六一海軍航空隊の「ベロー・ウッド」雷撃	2023年6月号
第五〇三海軍航空隊の「レキシントン」爆撃	2016年3月号(一部)
「サラトガ」爆撃飛行隊のスラバヤ攻撃	2017年11月号
「サラトガ」雷撃飛行隊のスラバヤ攻撃	2017年12月号
二式水戦 VS F6F-3N	2016年11月号
第58任務部隊の父島周辺艦船攻撃	書き下ろし
「タイコンデロガ」飛行隊のルソン島攻撃	2020年12月号
「レキシントン」の対空戦闘	2021年1月号
「ヨークタウン」飛行隊の第三次輸送部隊攻撃	2021年3月号
「ホーネット」飛行隊の第三次輸送部隊攻撃	2021年8月号
「ヨークタウン」飛行隊の空戦	2021年4月号
「ヨークタウン」飛行隊のマニラ攻撃	2021年5月号
「ヨークタウン」飛行隊のシマ〇四船団攻撃	2017年4月号
「タイコンデロガ」飛行隊のルソン島攻撃①	2021年6月号
「タイコンデロガ」飛行隊のルソン島攻撃②	2021年7月号
「ホーネット」飛行隊のマタ四〇船団攻撃	2019年7月号
「ホーネット」飛行隊の高雄港艦船攻撃	2019年8月号
「タイコンデロガ」飛行隊のサタ〇五船団攻撃	2017年6月号
「タイコンデロガ」飛行隊のヒ八六船団攻撃	2017年7月号
「ホーネット」飛行隊のヒ八六船団攻撃	書き下ろし
「タイコンデロガ」飛行隊の仏印攻撃	2017年8月号
「ベロー・ウッド」飛行隊の関東攻撃①	2018年5月号
「ベロー・ウッド」飛行隊の関東攻撃②	2018年6月号
「エセックス」飛行隊の天竜飛行場攻撃	2018年7月号
「エセックス」飛行隊の関東攻撃	2018年8月号
「ホーネット」飛行隊の沖縄本島攻撃	2018年9月号
「ヨークタウン」飛行隊の佐伯攻撃	2014年11月号
「ヨークタウン」飛行隊の宇佐航空基地攻撃	2014年9月号
キ51 VS F6F-5	2015年2月号
「ヨークタウン」飛行隊の築城・八幡浜攻撃	2019年10月号
「ヨークタウン」飛行隊の大分航空基地攻撃	2015年9月号
「ヨークタウン」飛行隊の松山航空基地攻撃	2014年10月号
「ヨークタウン」飛行隊の四国攻撃	2016年4月号
「バンカー・ヒル」飛行隊の呉軍港攻撃	2024年7月号
「ベニントン」飛行隊の「大和」攻撃	2024年6月号
「ヨークタウン」飛行隊の第十一海軍航空廠攻撃	2015年7月号
「ヨークタウン」飛行隊の「熊野丸」攻撃	2014年12月号
銀河 VS F6F-5	2017年9月号
「ヨークタウン」飛行隊の古仁屋攻撃	2018年11月号
「ヨークタウン」飛行隊の沖縄北・中飛行場攻撃	2017年10月号
「ホーネット」飛行隊の徳之島・加計呂麻島攻撃	2018年12月号
第58.1任務群の南九州攻撃	2019年1月号
「ヨークタウン」飛行隊の鹿屋航空基地攻撃	2016年10月号
「ホーネット」飛行隊の大島輸送隊攻撃	2020年3月号
「ベニントン」飛行隊の空戦	2020年5月号
「サン・ジャシント」飛行隊の空戦	2021年9月号
第58.1任務群の第一遊撃部隊攻撃	書き下ろし
第七二一海軍航空隊の「ミズーリ」攻撃	2016年3月号(一部)
九九艦爆 VS F6F-5	2015年12月号
九九艦爆・一式陸攻・銀河 VS F6F-5	2016年1月号
「ベニントン」飛行隊の南九州攻撃	2020年10月号
「ヨークタウン」飛行隊の空戦	2020年11月号
「ランドルフ」の対空戦闘	書き下ろし
紫電二一型 VS F6F-5	2016年9月号
「ランドルフ」飛行隊の空戦	2022年2月号
「ベニントン」飛行隊の南九州攻撃	2021年12月号
「ランドルフ」飛行隊の熊本攻撃	2022年1月号
「ランドルフ」飛行隊の大村航空基地攻撃①	2017年3月号
「ランドルフ」飛行隊の大村航空基地攻撃②	2017年3月号
第46戦闘飛行隊の厚木航空基地攻撃	2022年5月号
「ベニントン」飛行隊の第三次大島輸送隊攻撃	2016年8月号
零式輸送機二二型 VS PB4Y-1	2018年10月号
「ランドルフ」飛行隊の北日本攻撃	2022年7月号
第38任務部隊の呉在泊艦船攻撃	2015年6月号
「ヨークタウン」飛行隊の鳥取攻撃	2015年11月号
零戦五二型 VS P-51D	2018年4月号
第19戦闘飛行隊の第二十一号輸送艦攻撃	2015年10月号
流星 VS F6F-5	2014年8月号
第39戦闘飛行隊の「第三鷹川丸」攻撃	2023年10月号
佐世保の「涼月」①	2017年6月号
佐世保の「涼月」②	2017年7月号
佐世保の「隼鷹」	2017年6月号

■参考文献

●一次史料
戦時日誌（関連部隊）
戦闘詳報（関連部隊）
戦死（殉職）搭乗員名簿（関連時期）
戦没者ノ件報告（関連部隊）
電報綴（関連時期）
飛行機隊戦闘行動調書（関連部隊）
Action Report（関連部隊）
Aircraft Action Report（関連部隊）
Final Mission Report（関連部隊）
War Diary（関連部隊）

●二次史料
阿部三郎『特攻大和艦隊』（光人社、2005年）
伊澤保穂『陸攻と銀河』（朝日ソノラマ、1995年）
石井勉編著『アメリカ海軍機動部隊』（成山堂書店、1988年）
一白会編『第百飛行団の軌跡』（私家版、1985年）
今治明徳高等学校矢田分校平和学習実行委員会編『米軍資料から読み解く愛媛の空襲』（創風社出版、2005年）
岩井勉『空母零戦隊』（文藝春秋、2001年）
宇垣纒著、半藤一利監修、戸高一成解説『戦藻録［新漢字・新かな版］下』（PHP研究所、2019年）
内田弘樹『「たんたんタヌキ♪」の出撃歌!駆逐艦「桐」の生涯【後編】』（私家版、2022年）
大内建二『戦時標準船入門』（光人社、2010年）
大内建二『捕虜輸送船の悲劇』（光人社、2014年）
沖縄県文化振興会公文書管理部史料編集室編『沖縄県史ビジュアル版5 空から見た沖縄戦　沖縄戦前後の飛行場』（沖縄県教育委員会、2000年）
沖縄県文化振興会公文書管理部史料編集室編『沖縄県史ビジュアル版10 空から見た昔の沖縄　沖縄島中部・南部域の空中写真』（沖縄県教育委員会、2002年）
沖縄県文化振興会公文書管理部史料編集室編『沖縄県史ビジュアル版11 空から見た昔の沖縄II　沖縄島北部・中部域の空中写真』（沖縄県教育委員会、2003年）
奥本剛『日本陸軍の航空母艦　舟艇母艦から護衛空母まで』（大日本絵画、2011年）
奥本剛『陸海軍水上特攻部隊全史　マルレと震洋、開発と戦いの記録』（光人社、2013年）
押尾一彦『特別攻撃隊の記録〈海軍編〉』（光人社、2005年）
押尾一彦『特別攻撃隊の記録〈陸軍編〉』（光人社、2005年）
海軍第四期飛行機整備学生予備生・追浜会編『整備科予備士官の太平洋戦争回想録』（私家版、1995年）
海防艦顕彰会編『海防艦戦記』（私家版、1982年）
加藤拓『陸軍航空特別攻撃隊各部隊総覧　第1巻　突入部隊』（私家版、2018年）
加藤浩『神雷部隊始末記［増補版］』（ホビージャパン、2021年）
河野光揚編『鳩部隊　第一〇二一海軍航空隊の記録』（私家版、1988年）
神戸輝夫編『おおいたの戦争遺跡』（大分県文化財保存協議会、2005年）
工藤洋三『アメリカ海軍艦載機の日本空襲　1945年2月の東京空襲から連合軍捕虜の解放まで』（私家版、2018年）
駒宮真七郎『戦時輸送船団史』（出版協同社、1987年）
駒宮真七郎『戦時輸送船団史II』（私家版、1995年）
駒宮真七郎『太平洋戦争輸送船史』（私家版、1998年）
小山仁示訳『米軍資料　日本空襲の全容　マリアナ基地B29部隊』（東方出版、1995年）
神野正美『聖マーガレット礼拝堂に祈りが途絶えた日　戦時下、星の軌跡を計算した女学生たち』（光人社、2012年）
水産講習所の防人刊行会『水産講習所　海の防人　太平洋戦争における水産講習所出身海軍士官の記録』（私家版、2002年）
青函連絡船戦災史編集委員会『白い航跡』（北の街社、1995年）
瀬田勝哉『戦争が巨木を伐った　太平洋戦争と供木運動・木造船』（平凡社、2021年）
高木晃治、ヘンリー境田『源田の剣　改訂増補版　米軍が見た「紫電改」戦闘隊全記録』（双葉社、2014年）
寺田晶『特攻』（致知出版社、2010年）
当山昌直・安渓遊地『奄美戦時下　米軍航空写真集』（南方新社、2013年）
鳥取県の戦災を記録する会『鳥取県の戦災記録』（私家版、1982年）
豊の国宇佐市塾『宇佐細見読本⑪　宇佐航空隊の世界V』（私家版、2012年）
名古屋空艦爆誌刊行委員会『名古屋空艦爆誌　栄光の老兵九九艦爆と共に』（私家版、1995年）
野間恒『商船が語る太平洋戦争　=商船三井戦時船史=』（私家版、2002年）
秦郁彦監修、伊沢保穂・航空情報編集部編『日本陸軍戦闘機隊　付・エース列伝（新改訂増補版）』（酣燈社、1984年）
破竹会『破竹　海軍経理学校第八期補修学生の記録』（私家版、1972年）
林博史『沖縄からの本土爆撃　米軍出撃基地の誕生』（吉川弘文館、2018年）
原勝洋『真相・カミカゼ特攻　必死必中の300日』（KKベストセラーズ、2004年）
原勝洋編『戦艦「大和」全写真』（光人新社、2023年）
飛行第二戦隊戦友会部隊史編纂委員会編『雲流れる果て敵を索めて［飛行第二戦隊部隊史］』（私家版、1995年）
深尾裕之『終戦の五島を記録する　～五島の海軍施設と米軍の来攻～』（私家版、2018年）
本の森出版センター編『日本海軍戦闘機隊　付・エース列伝』（コアラブックス、2003年）
松井邦夫『日本・油槽船列伝』（成山堂書店、1995年）
松井邦夫『日本商船・船名考』（海文堂、2006年）
松永榮『大空の墓標　最後の彗星爆撃隊』（大日本絵画、1999年）
吉野泰貴『流星戦記　蒼空の碧血碑、海軍攻撃第五飛行隊史話』（大日本絵画、2005年）
吉野泰貴『日本海軍艦上爆撃機彗星　愛機とともに　写真とイラストで追う装備部隊』（大日本絵画、2012年）
陸士第57期航空誌編集委員会編『陸士57期航空誌　分科編』（私家版、1995年）
渡辺洋二『死闘の本土上空　B-29対日本空軍』（文藝春秋、2001年）
渡辺洋二『空の技術　設計・生産・戦場の最前線に立つ』（光人社、2010年）
エドワード・P・スタッフォード著、井原裕司訳『「ビッグE」空母エンタープライズ〈下巻〉』（元就出版社、2007年）
トーマス・B・ブュエル著、小城正訳『提督スプルーアンス』（学習研究社、2000年）
E・B・ポッター著、秋山信雄訳『「キル・ジャップス！」　−ブル・ハルゼー提督の太平洋海戦史』（光人社、1991年）

『戦史叢書』（朝雲新聞社）　関連号
『世界の傑作機』（文林堂）　関連号
『［歴史群像］太平洋戦史シリーズ』（学習研究社）　関連号
『オスプレイ・ミリタリー・シリーズ　世界の戦闘機エース』（大日本絵画）関連号
『オスプレイ軍用機シリーズ』（大日本絵画）　関連号
『空襲通信』（空襲・戦災を記録する会全国連絡会議）　関連号
『空襲・戦災・戦争遺跡を考える九州・山口地区交流会報告集』（空襲・戦災・戦争遺跡を考える九州・山口地区交流会）　関連号

甘記豪『米機襲来　二戦台湾空襲写真集』（前衛出版社、2015年）

Carey, Alan C. *Above an Angry Sea: Men and Missions of the United States Navy's PB4Y-1 Liberator and PB4Y-2 Privateer Squadrons Pacific Theater: October 1944 - September 1945*, Schiffer Publishing, 2017
Moore, Stephen L. *Rain of Steel: Mitscher's Task Force 58, Ugaki's Thunder Gods, and the Kamikaze War off Okinawa*, Naval Institute Press, 2020
Rielly, Robin L. *Kamikazes, Corsairs, and Picket Ships: Okinawa 1945*, Casemate Publishers, 2008（小田部哲哉訳『米軍から見た沖縄特攻作戦　カミカゼVS.米戦闘機、レーダーピケット艦』（並木書房、2021年））
Rielly, Robin L. *Kamikaze Attacks of World War II: A Complete History of Japanese Suicide Strikes on American Ships, by Aircraft and Other Means*, McFarland & Company, 2010（小田部哲哉訳『日米史料による特攻作戦全史　航空・水上・水中の特攻隊記録』（並木書房、2024年））
Tillman, Barrett *US Marine Corps Fighter Squadrons of World War II*, Osprey Publishing, 2014
Wolf, William *The 5th Fighter Command in World War II: Volume 2: The End in New Guinea, the Philippines, to V-j Day*, Schiffer Publishing, 2012